電気回路独解テキスト

直流から交流へ

神野健哉・平栗健史・吉野秀明 共著

Ohmsha

本書を発行するにあたって，内容に誤りのないようできる限りの注意を払いましたが，本書の内容を適用した結果生じたこと，また，適用できなかった結果について，著者，出版社とも一切の責任を負いませんのでご了承ください．

本書は，「著作権法」によって，著作権等の権利が保護されている著作物です．本書の複製権・翻訳権・上映権・譲渡権・公衆送信権（送信可能化権を含む）は著作権者が保有しています．本書の全部または一部につき，無断で転載，複写複製，電子的装置への入力等をされると，著作権等の権利侵害となる場合があります．また，代行業者等の第三者によるスキャンやデジタル化は，たとえ個人や家庭内での利用であっても著作権法上認められておりませんので，ご注意ください．

本書の無断複写は，著作権法上の制限事項を除き，禁じられています．本書の複写複製を希望される場合は，そのつど事前に下記へ連絡して許諾を得てください．

出版者著作権管理機構
（電話 03-5244-5088, FAX 03-5244-5089, e-mail: info@jcopy.or.jp）

JCOPY ＜出版者著作権管理機構 委託出版物＞

はじめに

　「電気回路」は，電気・電子・通信・情報工学系の学科では非常に重要な科目であり，多くの場合に必修科目と位置づけられています．

　これは「電気回路」で習得すべき知識が，電気・電子・通信・情報工学の基礎となるものであり，その理解なしには現在の工学の内容を理解することが困難になることが多いため，少なくとも知っておかなければならない知識であるからです．

　「電気回路」で起こる多くの現象は目で見ることができず，その現象を直感的に理解することが困難です．このため，電気回路で起きるさまざまな現象を理解するために，われわれは数学を用います．

　「電気回路」では連立方程式，行列，三角関数，複素数，微分・積分といった数学の知識が必要とされます．しかし最近では高校時代にこれらの内容の全ては学んでいないという学生も数多く見かけるようになりました．このため，電気回路の知識を学ぶ以前に，数学の知識不足から内容を理解できないことも多く見受けられます．また，定理や公式は覚えたものの，実際にどのように使うのかが理解できない学生も増えています．

　そこで本書では，「電気回路」をできるだけつまずくことなく学べるようにすることを意図し，下記のように構成しました．

- まずは複素数，微分・積分の知識がなくても学ぶことができる直流回路を学習する
- 交流を表現するための三角関数，複素数などを学習する
- 直流回路での法則，定理などが交流回路でもそのまま適用できることを学習する

そして，内容面では例題を増やし，定理や公式の使い方が学べるように配慮しました．特に計算が必要な例題では，その途中経過も省略せずに，どのように変形をすることで答えが得られるかをわかりやすく記述しました．

　また，各章の「練習問題」では100点満点になるように配点を付け，各章の内容をどれだけ習得したかを自身で確認できるようにしました．

　本書は，大学で学ぶ「電気回路」の最も基礎となる知識を1セメスタで学習することを意図して執筆しています．

　「電気回路」の基礎知識を習得しようというみなさんのお役に少しでも立てれば幸いです．

2015年7月

執筆者を代表して　神野　健哉

目 次

1章 電気の基本は直流回路 —電流・電圧・抵抗—

- **1・1** 電気とは ………………………………………………… 1
- **1・2** 電流と電圧 ……………………………………………… 1
- **1・3** 直流と交流 ……………………………………………… 3
- **1・4** 抵抗の性質／オームの法則 …………………………… 4
- **1・5** 抵抗で消費する電力 …………………………………… 8
- 練習問題 ……………………………………………………… 11

2章 回路中の電流・電圧の関係 —キルヒホッフの法則—

- **2・1** 電気回路における節点・枝・閉路 …………………… 13
- **2・2** キルヒホッフの電流則（KCL） ……………………… 15
- **2・3** キルヒホッフの電圧則（KVL） ……………………… 18
- 練習問題 ……………………………………………………… 21

3章 回路を効率よく解いてみよう —回路方程式—

- **3・1** 閉路方程式 ……………………………………………… 25
- **3・2** 節点方程式 ……………………………………………… 34
- 練習問題 ……………………………………………………… 39

4章 抵抗をまとめて回路を簡単に —合成抵抗—

- **4・1** 抵抗の直列接続と分圧 ………………………………… 43
- **4・2** 抵抗の並列接続と分流 ………………………………… 46

4·3　△-Y 変換 ……………………………… 52
　　　　練習問題 ………………………………………… 56

5章　エネルギーの供給源 —電源—

5·1　電圧源 ………………………………………… 66
5·2　電流源 ………………………………………… 67
5·3　電源の変換 …………………………………… 69
5·4　電圧源を含む回路に対する節点方程式 …… 74
　　　　練習問題 ………………………………………… 76

6章　複雑な回路を解くテクニック —回路の諸定理—

6·1　回路の対称性と等電位 ……………………… 79
6·2　重ねの理 ……………………………………… 82
6·3　テブナンの定理と整合条件 ………………… 86
　　　　練習問題 ………………………………………… 91

7章　時間とともに変化する電流 —交流電流・交流電圧—

7·1　周波数・振幅・波形 ………………………… 95
7·2　瞬時値 ………………………………………… 97
7·3　平均値 ………………………………………… 99
7·4　平均電力 ……………………………………… 102
7·5　実効値 ………………………………………… 103
　　　　練習問題 ………………………………………… 107

8章　回路を構成する抵抗以外の素子 —キャパシタとインダクタ—

8·1　キャパシタ …………………………………… 109
8·2　インダクタ …………………………………… 112

- **8·3** キャパシタ，インダクタの電圧と電流との関係 ……… 115
- 練習問題 ……………………………………………………… 121

9章 交流の表し方 —フェーザ法—

- **9·1** 複素数 ……………………………………………………… 123
- **9·2** オイラーの公式 …………………………………………… 127
- **9·3** フェーザ法 ………………………………………………… 131
- **9·4** 電　力 ……………………………………………………… 139
- 練習問題 ……………………………………………………… 143

10章 交流でも直流と同じ性質 —交流回路の諸定理—

- **10·1** 重ねの理 …………………………………………………… 145
- **10·2** テブナンの定理 …………………………………………… 148
- **10·3** 交流ブリッジ ……………………………………………… 152
- **10·4** 共　振 ……………………………………………………… 154
- 練習問題 ……………………………………………………… 159

練習問題解答 ……………………………………………………… 161
索　引 ……………………………………………………………… 185

電気の基本は直流回路
―電流・電圧・抵抗―

この章では，電気の基本をみていきます．電流，電圧，抵抗とはどのようなもので，これらが互いにどのような関係があるのかを理解しましょう．

1・1 電気とは

みなさんの身の回りには**電気**がたくさんあります．電気は目に見えないため，その役割や仕組みを直感的に理解することが難しいといわれます．

電気の利用法には電気がもつエネルギーを利用して，エネルギー源として利用する場合と，電気を使って情報を表す場合とに大きく分けることができます．一般に，電気をエネルギーとして捉えた技術を**パワーエレクトロニクス**（強電）といい，電気を使って情報を表すことを主体とした技術を**エレクトロニクス**（弱電）といいます．

パワーエレクトロニクス（強電）には，電気を作り出す技術（発電），電気を送る技術（送電），工場や家庭に電気を配る技術（配電）があり，さらにエネルギーとして利用するために，モータなどの技術があります．またエレクトロニクス（弱電）では，電気を利用して音声や画像などの情報を表現する技術，これら情報を通信する技術，そして情報を記録するための技術があります．

これらの技術を理解し，新たな仕組みや利用法を考えるためには，その基本的な働きを理解する必要があります．次の節から，電気の基本を順番にみていきましょう．

1・2 電流と電圧

電気とは，エネルギーをもった**電荷**の移動やその相互作用による現象のことをいいます．ある場所での電荷の量を**電位**といいます．ここで大きさを測るために

は基準値が必要ということに注意しましょう．山の高さなどを表す言葉に「海抜」という言葉があります．海抜は，平均海面の高さを0として高さを表現しています．電位もその大きさを測るために基準値が必要で，この基準値には一般的に地面の電位を用います．つまり電位というのは**地面に対してどれだけ電荷があるか**を表した量といえます．

このため，電位が0のことを**アース**や**グラウンド**といいます．この「アース」や「グラウンド」は，電気の世界では**図1·1**のような回路図記号で表します[*1]．異なる場所間での電位の差を**電位差**といい，この電位差のことを**電圧**といいます．電気を水で例えると，電圧（電位差）は**図1·2**のように2か所の水圧の差，水の高さの差で，これは水を流そうとする圧力（水圧）に相当します．

図1·1 ●アースとグラウンドの回路図記号

また，電荷が移動する量のことを**電流**といいます．電流とは，ある面を1秒間に通過する電荷の量のことを指し，水に例えると，電流は**図1·3**のように単位時間内に流れる水の量のことをいいます．

電圧と電流の単位はそれぞれ，**アンペア**（記号：A）と**ボルト**（記号：V）と呼

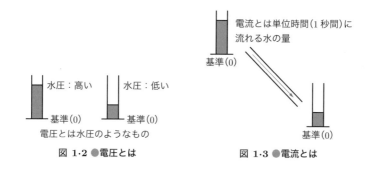

図1·2 ●電圧とは　　　　　　図1·3 ●電流とは

[*1] 正確には「アース」と「グラウンド」は区別するため，回路記号も別です．「アース」は本来，「接地」で実際に地面に接続します．これに対してグラウンドは金属シャーシなどに接続することを指します．

ばれます．ある導体の断面を1秒間に通過する電荷量が1クーロン（記号：C）のとき，電流が1アンペアと定義されています．実際の回路でよく用いられる電圧，電流の単位には次のようなものがあります．

電圧
マイクロ・ボルト $1\,\mu V = 10^{-6} V$
ミリ・ボルト $1\,mV = 10^{-3} V$
キロ・ボルト $1\,kV = 10^{3} V$
メガ・ボルト $1\,MV = 10^{6} V$
ギガ・ボルト $1\,GV = 10^{9} V$

電流
マイクロ・アンペア $1\,\mu A = 10^{-6} A$
ミリ・アンペア $1\,mA = 10^{-3} A$

1·3 直流と交流

図1·4に示すように，時間によらず，値や流れる方向が一定で変化しない電圧・電流を**直流**といいます．乾電池などは代表的な直流電源です．これに対して図1·5に示すように，時間によって値や流れる方向が変化する電圧・電流を**交流**といいます．皆さんの家庭に備わっているコンセントの電気は交流です．

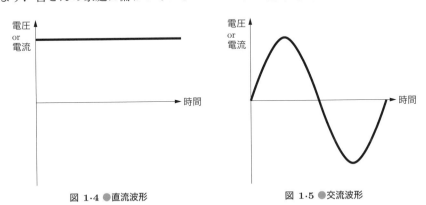

図1·4 ●直流波形　　　　　図1·5 ●交流波形

発電，送電，変電

最近の家電製品のほとんどは，直流で動作します．しかし，電気エネルギーを作る際には交流，特に正弦波のように電圧・電流が変化する**正弦波交流**で作り出

されていることがほとんどです．これは，多くの発電機が回転運動で磁界などを変化させることにより，運動エネルギーを電気エネルギーに変換しているためで，元の運動が回転運動であることに起因して，正弦波交流が発生します．

　また，電気は送電する際にどうしても損失が発生します．そのため，損失を考慮して，遠くまで電気を運ぶ際には電圧を高くします．しかしながら，一般家庭の電気機器に高電圧を加えると壊れてしまいますし，また感電の危険もあります．そこで，運ばれてきた電気は電柱の上部にある変圧器で電圧を下げてから，皆さんの家庭のコンセントに供給されています．このとき，交流電圧は大きさを変化させることが直流電圧に比べて容易な点も，交流が用いられる理由の一つです．

　しかし，前述したように最近の家電製品のほとんどは直流で動作するので，交流を直流に変換して使用しています．

　まとめると，①発電所で作り出された電気は高い電圧の交流で運ばれてきて，②家庭に入る前に低い電圧に変換し，③さらに実際に家電製品などで使う際には直流に変換して使われています．直流・交流にはそれぞれ長所・短所があり，適切な装置に適切に使用できるようにする研究が現在進んでいます．

　直流と交流では取扱い上，さまざまな違いがありますが，電気を理解するために最も重要な「オームの法則」「キルヒホッフの法則」は直流・交流のいずれでも成り立ちます．本書では，まずは直流に着目して電気の法則を学び，電気の性質を理解していきます．直流をしっかりと理解したうえで，交流を学びましょう．

1·4　抵抗の性質／オームの法則

　電気を流すことができる物質のことを，導体といいます．導体中を電荷が移動する際，電荷は導体中の原子などに衝突し，移動が妨害されます．この電荷の移動のしにくさ，すなわち電流の流れにくさを**抵抗**と呼びます．抵抗の大きさは導体の長さに比例し，断面積に反比例します．実際の抵抗は図 1·6 のようなものです．図 1·6 の抵抗は，色の帯でその大きさを表す**カラー抵抗**と呼ばれるものです．

　カラー抵抗は，その色の帯で数値を表します．図 1·7 にカラー抵抗の読み方の表を示します．一般的なカラー抵抗では 4 本の帯があり，最初[2]の 2 本が「数値」

---

　*2　カラー抵抗は帯と端が狭いほうが前，広いほうが後ろです．

図 1·6 ● 1/4 W カラー抵抗

色	数値	乗数	許容誤差
黒	0	$\times 10^0$	
茶	1	$\times 10^1$	± 1%
赤	2	$\times 10^2$	± 2%
橙	3	$\times 10^3$	
黄	4	$\times 10^4$	
緑	5	$\times 10^5$	
青	6	$\times 10^6$	
紫	7	$\times 10^7$	
灰	8	$\times 10^8$	
白	9	$\times 10^9$	
金		$\times 10^{-1}$	± 5%
銀		$\times 10^{-2}$	±10%
無着色			±20%

図 1·7 ● カラー抵抗の読み方

を，3本目が「乗数」を，そして最後の帯が「許容誤差」を表します．

たとえば，端から帯の色が「茶黒赤金」のカラー抵抗は図 1·8 に示すように，許容誤差が ±5％ の 1 kΩ の抵抗を表します．

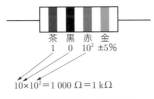

図 1·8 ● カラー抵抗の例

1·2 節で説明したように，電気を水に例えてみましょう．図 1·9 のように水位を「電位」と考えると，二つの水位の差は「電位差」＝「電圧」に相当します．そ

して管を流れる水の量は「電流」に相当します．このとき，管の太さ，もしくは管の傾きで流れる水の量が変わります．この管の太さ，もしくは管の傾きが「抵抗」に相当します．また，水位が高いほうから低いほうへ水が流れるように，電流も電位が高いほうから低いほうへ流れます（図1·10）．

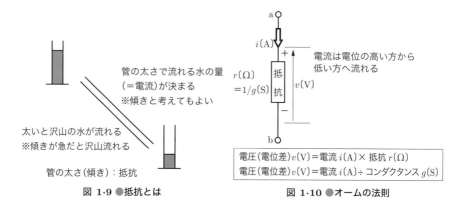

図 1·9 ●抵抗とは　　　　　　　図 1·10 ●オームの法則

抵抗はその導体の物質の種類によって異なり，長さに比例し，導体の断面積に反比例します．抵抗の単位は**オーム**（記号：Ω）であり，回路図記号には**図1·11**に示す記号が用いられています（JIS[*3]のJIS C 0617[*4]で定められた記号．(a)は旧記号，(b)が新記号です．企業の現場やCAD（コンピュータ支援設計）ソフト，古い教科書などでは旧記号が用いられていることがあります）．新記号は場合によっては，単なる**負荷**の記号として用いられる場合もあります．

(a) 旧記号　　　　(b) 新記号
図 1·11 ●抵抗の回路図記号

電流をi，電圧をv，抵抗をrとする[*5]と，これらには以下のような関係式が成り立ちます．

$$v = i \cdot r \tag{1·1}$$

[*3]　日本工業規格（**J**apanese **I**ndustrial **S**tandards）
[*4]　国際規格 IEC 60617 に準拠しています．
[*5]　電流をiと表記するのは intensity of electric current の頭文字，電圧をvと表記するのは voltage の頭文字（電圧はeと表記することもあります．これは electromotive force の頭文字です），抵抗をrと表記するのは resistance の頭文字からきています．

式 (1·1) は以下のように変形できます．

$$i = \frac{v}{r} \tag{1·2}$$

$$r = \frac{v}{i} \tag{1·3}$$

この関係式は 1781 年にヘンリー・キャバンディッシュが発見しましたが，公表されていなかったため知られておらず，1826 年にゲオルク・オームによって再発見されて公表されました．このため，この関係式を**オームの法則**（Ohm's Law）と呼ぶようになりました．オームの法則の関係をグラフで表すと図 1·12 に示すようになります．横軸を「電流 i」，縦軸を「電圧 v」とすると，「抵抗 r」はグラフの傾きです．

ある導体に 1 V の電圧をかけたときに，1 A の電流が流れる抵抗の大きさを 1 Ω といいます．同じ電圧をかけても，抵抗の大きさで流れる電流の大きさが変わります．

抵抗値を変化させることのできる抵抗器もあります．抵抗の値を変えることができることから，このような抵抗のことを可変抵抗（ボリューム）と呼びます．可変抵抗の回路図記号は図 1·13 のような記号で表され，(a) が旧記号，(b) が新記号です．

図 1·12 ●電流 i，電圧 v，抵抗 r の関係

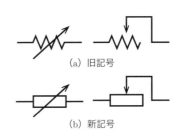

図 1·13 ●可変抵抗

また抵抗の逆数のことを**コンダクタンス**といい，単位は**ジーメンス**（記号：S）です．抵抗が電流の流れにくさを表していることに対し，コンダクタンスは電流の流れやすさを表しています．

抵抗を r [Ω]，コンダクタンスを g [S] とすると，これらの関係は次のようになります．

$$r = \frac{1}{g} \Longleftrightarrow g = \frac{1}{r} \tag{1·4}$$

この関係から，コンダクタンスを用いてオームの法則を表すと次のようになります．

$$v = \frac{i}{g} \tag{1·5}$$

$$i = vg \tag{1·6}$$

$$g = \frac{i}{v} \tag{1·7}$$

コンダクタンスの回路図記号は図 1·11 に示した抵抗の記号と同じものが用いられます．

例題 1.1

図 1·14 に示した抵抗およびコンダクタンスの a–b 間の電圧 v_1, v_2 を求めよ．

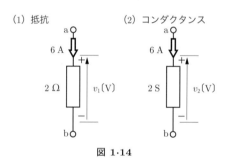

図 1·14

■答え

(1) $v_1 = 6\,\text{A} \times 2\,\Omega = 12\,\text{V}$

(2) $v_2 = 6\,\text{A} / 2\,\text{S} = 3\,\text{V}$

1·5 抵抗で消費する電力

導体に電流が流れるとき，すなわち導体中を電荷が移動する際，電荷は導体中の原子などに衝突し，移動が妨害されます．衝突時に電気エネルギーは熱エネル

ギーに変化します．この熱エネルギーは**ジュール熱**と呼ばれ，その単位は**ジュール**（記号：J）といいます．発生する熱エネルギーを Q [J]，導体の電気抵抗を R [Ω]，導体を流れる電流を I [A]，流れた時間を t [秒] とすると，以下の関係式が成り立ちます．

$$Q = RI^2 t \tag{1·8}$$

この関係式は 1840 年代にジェームズ・プレスコット・ジュールによって発見されたため，**ジュールの法則**（Joule's Law）と呼ばれます．導体にかかる電圧を v [V]，流れる電流を i [A]，電気抵抗を r [Ω] とすると，式 (1·8) はオームの法則によって以下のように変形できます．

$$Q = ri^2 t = vit = \frac{v^2}{r} t \tag{1·9}$$

式 (1·9) から長い時間電流が流れ続ければ，多くの電気エネルギーが熱エネルギーに変化することがわかります．一定の時間（単位時間）で使われるエネルギーを**仕事率**といいます．導体に電流が流れることによって発生する熱エネルギーの仕事率は，発生した熱エネルギー Q [J] を流れた時間 t [秒] で割れば求められます．この電流が流れることで発生する熱エネルギーを仕事率で表したものを**電力**と呼び，その単位は**ワット**（記号：W）といいます．電力を P [W] と表記すると，以下の関係式が成り立ちます．

$$P = \frac{Q}{t} = ri^2 = vi = \frac{v^2}{r} \tag{1·10}$$

また，この電力の一定時間での積算値を**電力量**といいます．1 秒間の電力量は vi [J] となりますが，電気の世界ではこの電力量を取り扱う際，一定時間には 1 時間を用いることが多いです．このとき，電力量の単位は**ワット時**（Wh と表記）が使われます．また，一般的にはこの電力量は大きな数値になるため，キロワット時（kWh と表記．1 kWh=1 000 Wh）がよく用いられます．

なお，時間の単位の関係からそれぞれの単位，ジュールとワット時は以下のように変換することができます．

$$1 \text{ Wh} = 3\,600 \text{ J} \qquad 1 \text{ J} = \frac{1}{3\,600} \text{ Wh} \tag{1·11}$$

1.2

2 kΩ の抵抗に 100 V の電圧を加えた．この抵抗で消費する電力 P [W] を求めよ．

■答え

式 (1·10) より，2 kΩ の抵抗で消費する電力 P は

$$P = \frac{100 \times 100}{2 \times 10^3} = 5\,\mathrm{W}$$

練習問題

正解したらチェック！

☐ ① 図 1·15 に示した抵抗およびコンダクタンスの a–b 間の電圧 $v_1, v_2, v_3, v_4, v_5, v_6$ 〔V〕を求めよ．なお，電流は回路図中の矢印の方向を正とする．

(30 点)

(1)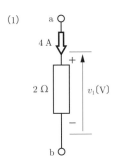

(2)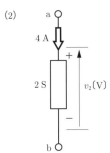

(3)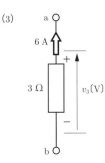

(4)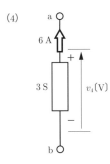

(5)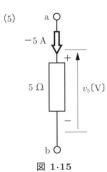

(6)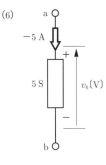

図 1·15

② 図 1·16 に示した抵抗およびコンダクタンスを流れる電流 i_1, i_2, i_3〔A〕を求めよ．なお，電流は回路図中の矢印の方向を正とする．(20 点)

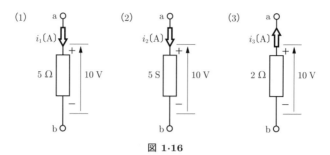

図 1·16

③ 図 1·17 に示した抵抗 r_1, r_3 およびコンダクタンス g_2 を求めよ．なお，電流は回路図中の矢印の方向を正とする． (20 点)

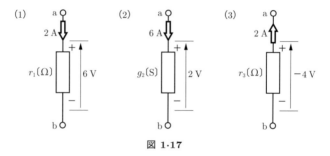

図 1·17

④ 0.3 A の電流を 40 kΩ の抵抗に流した．この抵抗で消費する電力 P〔W〕を求めよ． (10 点)

⑤ 12 V の電圧を 6 kΩ の抵抗に加えた．この抵抗で消費する電力 P〔W〕を求めよ． (10 点)

⑥ 10 W の電気を消費する負荷に 20 V の電圧を加えた．この負荷を流れる電流 i〔A〕を求めよ． (10 点)

回路中の電流・電圧の関係
―キルヒホッフの法則―

　この章では，電気回路に流れる電流や電圧の関係を表す基本的な二つの法則をみていきましょう．回路に流れる電流の関係を表す「キルヒホッフの電流則」と，回路の中の電圧の間に成り立つ「キルヒホッフの電圧則」です．これらの法則と1章で学んだオームの法則を合わせた，三つの基本的な法則を理解できれば，電気回路に流れる電流や電圧を簡単に求めることができるようになります．

電気回路の三つの基本法則
- オームの法則
- キルヒホッフの電流則
- キルヒホッフの電圧則

2·1　電気回路における節点・枝・閉路

　いよいよこの章からは，複数の回路素子を組み合わせた電気回路を学んでいきます．キルヒホッフの法則を説明する前に，回路図の『かたち』を表現する，節点，枝，閉路という三つの用語を図 2·1 の回路図の例で説明します．

　この回路は，五つの抵抗と電圧源ならびに電流源の合計七つの回路素子から構成されています[*1]．

　この回路を，回路素子のつながり方だけに着目すると，図 2·2 のように表すことができます．

　それでは，節点，枝，閉路のそれぞれについて，この図を見ながら説明していきましょう．

[*1]　1Ω から 4Ω までの抵抗と，5V の電圧源，ならびに 6A の電流源から構成されています．電圧源と電流源について，詳しくは 5 章で学びます．

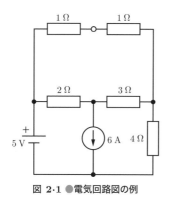
図 2·1 ●電気回路図の例

図 2·2 ●回路の節点・枝・閉路

[1] 節点

電気回路では，複数の回路素子が接続している点のことを**節点**と呼びます．回路図では，●や○の記号で表します．ここで，二つの回路素子が接続する点は，通常，記号を省略します．図 2·1 の回路図の例では，二つの 1 Ω の抵抗の間にある ○ の点は節点とはせずに省略して表記します．つまり，この回路は，合計四つの節点から構成されるということになります．

[2] 枝

節点と節点をつなぐ線のことを**枝**[*2]と呼びます．図 2·1 の例では，回路素子を省略して，節点のつながり方だけに着目すると，図 2·2 に示したような合計 6 本の枝から構成される回路ということがわかります．

[3] 閉路

ある節点からスタートして，複数の枝と節点をたどって元の節点に戻る経路[*3]のことを**閉路**[*4]と呼びます．図 2·1 の例では，図 2·2 に示したとおり，複数の閉路を設定することができます．また，閉路の中に枝が含まれないものを網目またはメッシュと呼びます．図 2·2 における閉路 1 と閉路 2 がこれに相当します．ここに示した例以外にも，閉路を設定することができます．閉路の設定の方法について，詳しくは 3 章で説明します．

以上で，準備が整いました．それでは，早速キルヒホッフの法則について，学んでいきましょう．

[*2] 辺またはエッジと呼ぶこともあります．
[*3] ただし，同じ枝や節点を 2 度以上通らない経路です．
[*4] 閉回路またはループと呼ぶこともあります．

2·2　キルヒホッフの電流則（KCL）

キルヒホッフの電流則（Kirchhoff's Current Law; **KCL**）は，図 2·3 に示すように「回路の任意の節点に流れ込む電流の総和は 0 である」という法則です．**キルヒホッフの第 1 法則**とも呼ばれます．

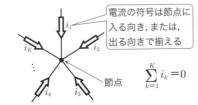

図 2·3 ●キルヒホッフの電流則（KCL）

この法則を式で表すと，次のようになります．

$$i_1 + i_2 + \cdots + i_K = \sum_{k=1}^{K} i_k = 0 \tag{2·1}$$

（K は，節点に流れ込む電流の本数）

ここで電流の符号は，節点に入る向き，または出る向きで揃える必要があります．たとえば，節点に流入する電流をプラスにした場合は，流出する電流の符号はマイナスとします．つまり，式 (2·1) は，プラスとマイナスが打ち消しあって，総和が 0 になるということを表しています．また，この法則を言い直すと，「回路の任意の節点に流入する電流の総和と流出する電流の総和とは等しい」とも表現することができます．

キルヒホッフの電流則を水の流れに例えて表したイメージが，図 2·4 です．この図に示すように，「回路の任意の節点に流入する電流の総和と流出する電流の総和とは等しい」ことを表すキルヒホッフの電流則は，「1 本の水路から水路の分岐点（節点）に流れ込む水の量が，二股に分かれて流れ出る 2 本の水路の水の量の和に等しくなる」ということに似ています．

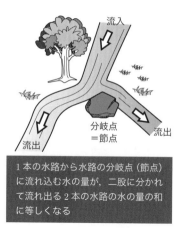

図 2·4 ●キルヒホッフの電流則のイメージ

例題 2.1

次の図 2·5, 2·6, 2·7 で表されるそれぞれの回路において,節点の KCL の式を示せ.ただし,矢印の向きが電流の向きを表すものとし,節点に流入する電流をプラスとする.

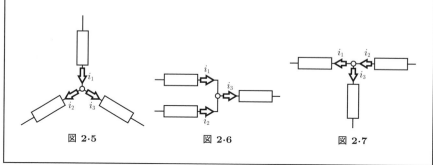

図 2·5　　　　　図 2·6　　　　　図 2·7

■答え

(1) 図 2·5 は,図 2·4 のイメージと同様,流入する 1 本の電流 i_1 と,流出する 2 本の電流 i_2, i_3 から構成されることから,KCL の式は以下のようになる.

$$i_1 - i_2 - i_3 = 0 \tag{2·2}$$

(2) 図 2·6 は,図 2·4 のイメージの逆で,流入する 2 本の電流 i_1 と i_2 が合流して,1 本の電流 i_3 になって流出していることから,KCL の式は,以下のように

なる．

$$i_1 + i_2 - i_3 = 0 \tag{2.3}$$

(3) 図 2·7 は，図 2·4 のイメージと同様，1 本の電流 i_2 と，流出する 2 本の電流 i_1, i_3 から構成される．

$$-i_1 + i_2 - i_3 = 0 \tag{2.4}$$

図 2·5, 図 2·6, 図 2·7 はいずれも，3 個の抵抗を一つの節点で接続する，Y（スターまたはワイ）接続と呼ばれる形態で，接続形態としては等価となります．縦，横，斜めなどの，回路の書き方にまどわされずに，素子のつながり方に着目して回路をとらえることが，電気回路を学ぶ上で大切となります．この接続形態を変形する方法については，4 章で解説します．

例題 2.2

次の図 2·8 で表される回路の各節点 $n_1, n_2, \cdots, n_4$ に対して，それぞれ KCL の式を示せ．ただし，各接点に流入する電流をプラスの符号とする．

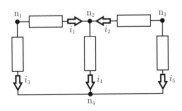

図 2·8 ●キルヒホッフの電流則

■答え

各節点に流入する電流の符号をプラス，流出する電流の符号をマイナスとすると，節点 $n_1, n_2, \cdots, n_4$ に対する KCL の式は次のように表すことができる．

節点 $n_1 : -i_1 - i_3 = 0$

節点 $n_2 : i_1 + i_2 - i_4 = 0$

節点 $n_3 : -i_2 - i_5 = 0$

節点 $n_4 : i_3 + i_4 + i_5 = 0$

2.3　キルヒホッフの電圧則（KVL）

キルヒホッフの電圧則（Kirchhoff's Voltage Law; **KVL**）は，図 2·9[*5]に示すように「回路の任意の閉路における電圧の総和は 0 である」という法則です．**キルヒホッフの第 2 法則**[*6]とも呼ばれます．

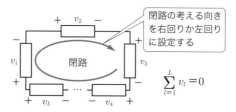

図 2·9 ●キルヒホッフの電圧則（**KVL**）

この法則を式で表すと，次のようになります．

$$v_1 + v_2 + \cdots + v_L = \sum_{l=1}^{L} v_l = 0 \tag{2.5}$$

（L は，電源を含む閉路内の素子の個数）

ここで，閉路の考える向きを「右回り」か「左回り」に設定します．考える向きに電圧が上昇する場合は，その素子の電圧をプラス，電圧が降下する場合は，その素子の電圧をマイナスとします．つまり，KCL の場合と同じように，式 (2·5) は，プラスとマイナスが打ち消しあって，総和が 0 になるということを表しています．また，この法則を言い直すと，「回路の任意の閉路において，上昇する電圧の総和と降下する電圧の総和とは等しい」とも表現することができます．

$$\sum_{m=1}^{M} v_m = -\sum_{n=1}^{N} v_n \tag{2.6}$$

（M は，考える向きに電圧を上昇させる素子の個数，N は，電圧を降下させる素子の個数．つまり，$L = M + N$）

[*5]　この図に示している長方形の素子は，抵抗だけでなく，電圧源などを含む任意の素子を表しています．

[*6]　電流則や電圧則という呼び方は，キルヒホッフの法則の内容を表現する呼称ですが，第 1 法則や第 2 法則という呼び方に，本質的な意味はありません．

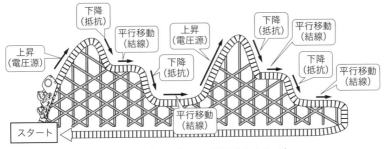

図 2·10 ● キルヒホッフの電圧則のイメージ

キルヒホッフの電圧則は，たとえば，図 2·10 に示すように，1 周してスタート地点に戻ってくるジェットコースターに似ています．つまり，スタート後にジェットコースターが上昇する部分が電圧源，下降する部分が抵抗，地面に平行な部分が素子を結ぶ結線，と考えることができます．一番スリルのある急降下部分は，抵抗値が高く，電圧降下が大きい抵抗を表している，ということになります．

例題 2.3

次の図 2·11 で表される回路において，右回りに閉路を設定したときの KVL の式を示せ．

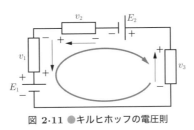

図 2·11 ● キルヒホッフの電圧則

■答え

二つの電圧源（それぞれの電圧は E_1, E_2）は，考える向きに対して電圧を上昇させる素子，ほかの三つの素子（それぞれの電位差は v_1, v_2, v_3）は，電圧を降下させる素子であることから，KVL の式は次のように表すことができる．

$$E_1 - v_1 - v_2 + E_2 - v_3 = 0$$

または

$$E_1 + E_2 = v_1 + v_2 + v_3$$

例題 2.4

次の図 2·12 で表される回路において，右回りに閉路 I，閉路 II を設定したとき，それぞれの KVL の式を示せ．

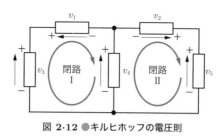

図 2·12 ●キルヒホッフの電圧則

■答え

考える向きとそれぞれの素子の電圧の向きに注意して，KVL の式は次のように表すことができる．

閉路 I ：$-v_1 + v_3 - v_4 = 0$

閉路 II：$v_2 + v_4 - v_5 = 0$

各素子の矢印（電位の低い方から高い方への矢印）と考える向き（この場合は右回り）とが逆向きであればマイナス，同じ向きであればプラスとなる点に注意

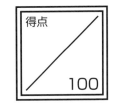

 ① 次の文章を完成させよ. (12点 = 3点 × 4)

キルヒホッフの電流則は「回路の任意の(　　　　　　　)の総和は0である」という法則で, アルファベット3文字の略称は(　　　)である. また, キルヒホッフの電圧則は「回路の任意の(　　　　　　　)の総和は0である」という法則で, アルファベット3文字の略称は(　　　)である.

 ② 次の図で表される回路において, 節点のKCLの式を示せ. ただし, 矢印の向きが電流の向きを表すものとし, 節点に流入する電流をプラスとして求めよ.

(10点)

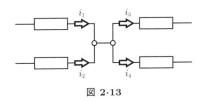

図 2·13

Hint

図 2·13 には, 二つの節点がありますが, これらは, 直接接続されているため, 電位の等しい節点となります. このため, 二つの節点を, 一つの節点にまとめてKCLの式を立てます.

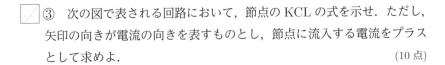

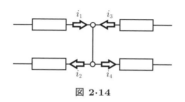

図 2·14

> **Hint**
> この図も図 2·13 と同様，二つの節点を，一つの節点にまとめて KCL の式を立てます．

 ④ 次の図で表される回路において，節点の KCL の式を示せ．ただし，矢印の向きが電流の向きを表すものとし，節点に流入する電流をプラスとして求めよ．

(10 点)

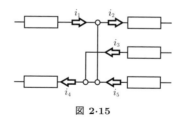

図 2·15

> **Hint**
> 一見複雑そうに見えますが，この図も図 2·13 と同様，すべての節点を，一つの節点にまとめることができます．

 ⑤ 次の図で表される回路において，節点 $n_1, n_2, \cdots, n_5$ における KCL の式を示せ．

(10 点 = 2 点 × 5)

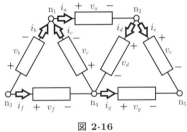

図 2·16

⑥ 次の図で表される回路において，$i_1 = 2\,\mathrm{A}$, $i_2 = 3\,\mathrm{A}$, $i_3 = 4\,\mathrm{A}$, $i_4 = 6\,\mathrm{A}$ のとき，電流 i_5 を求めよ． (10 点)

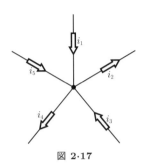

図 2·17

⑦ 次の図で表される回路において，$E_1 = 4\,\mathrm{V}$, $E_2 = 12\,\mathrm{V}$, $R_1 = 2\,\Omega$, $R_2 = 3\,\Omega$ のとき，電流 i_1, i_2, i_3 を求めよ． (9 点 = 3 点 × 3)

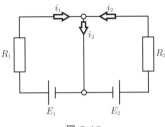

図 2·18

⑧ 次の図で表される回路において、$E_1 = 4\,\text{V}$, $E_2 = 12\,\text{V}$, $R_1 = 5\,\text{k}\Omega$, $R_2 = 35\,\text{k}\Omega$ のとき、端子 ab 間の電位差 v [V] を求めよ． (10 点)

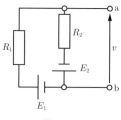

図 2·19

⑨ 次の図で表される回路において、閉路 I～III における KVL の式を示せ． (9 点 = 3 点 × 3)

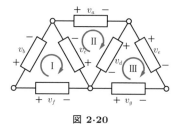

図 2·20

⑩ 次の図で表される回路において、$E_1 = 4\,\text{V}$, $E_2 = 6\,\text{V}$, $R_1 = 1\,\Omega$, $R_2 = 2\,\Omega$, $i_1 = 2\,\text{A}$, $i_2 = 3\,\text{A}$ のとき、電圧 v_3 を求めよ． (10 点)

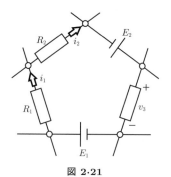

図 2·21

回路を効率よく解いてみよう
―回路方程式―

　この章では，2章で学んだキルヒホッフの電圧則（KVL），電流則（KCL）を用いて，電気回路に流れる電流や節点の電圧を効率的に求める二つの方法をみていきます．一つめは，KVLを用いて，回路の中の閉路に流れる電流を求める閉路方程式です．二つめは，KCLを用いて回路の節点の電圧を求める節点方程式です．これらの方程式を解くことで，電気回路に流れる電流や節点の電圧を求めることができます．

二つの回路方程式
- 閉路方程式：KVL で電流を求める
- 節点方程式：KCL で電圧を求める

3·1　閉路方程式

　キルヒホッフの電圧則（KVL）を用いて，回路の中の閉路に流れる電流の関係を表す方程式を**閉路方程式**といいます．回路を構成する複数の閉路を設定し，これらの閉路を流れる電流に関する連立方程式を解くことで，回路内の電流を効率的に求めることができます．閉路方程式を用いて電流を求める方法は，ループ電流法，網目電流法，あるいは，メッシュ電流法と呼ばれることがあります．

[1]　基本的な回路に対する閉路方程式

　それでは，具体的に次の例題に対して，閉路方程式の立て方，解き方の手順をみていきましょう．

例題 3.1

図 3·1 の回路について，閉路方程式を示し，各閉路の電流を求めよ．

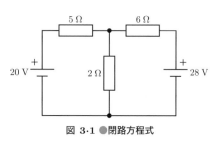

図 3·1 ●閉路方程式

■答え

〈手順1〉閉路の設定

回路を構成する電源を含めたすべての素子に，いずれかの電流が流れるように閉路を設定する．ここで，閉路の向きは，考える方向（右回りか左回り）で統一する．

設定する閉路の数は，回路のつながり方だけに着目することで，回路を構成する枝の数と節点の数を用いて，次の式により求めることができる．

$$\text{閉路の数} = \text{枝の数} - \text{節点の数} + 1 \tag{3·1}$$

この式から求まる数より少ない閉路だけでは，以降に説明する連立方程式で電流を求めることができなくなる．また，求まる数より多い閉路を設定しても，連立方程式が独立な方程式とならないため，無駄が生じてしまう．

図 3·1 の回路は，つながり方だけに着目すると，**図 3·2** のように枝の数 = 3，節

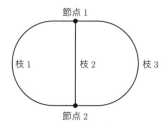

図 3·2 ●つながり方だけに着目した回路

点の数 = 2 の回路と考えられるため，設定する閉路の数は

閉路の数 = 枝の数 − 節点の数 + 1
　　　　 = 3 − 2 + 1 = 2

と求まる.

二つの閉路ですべての素子に，いずれかの電流が流れるように閉路を設定するには，いくつかのパターンがある. 図 3·1 の例では，次の 3 通りの設定の仕方がある.

Point

すべての素子が，いずれかの閉路に含まれるように設定します.

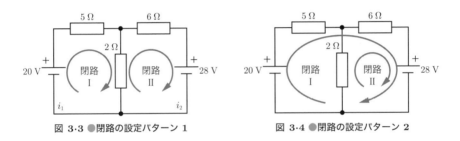

図 3·3 ●閉路の設定パターン 1　　　図 3·4 ●閉路の設定パターン 2

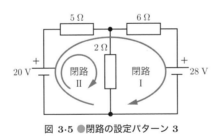

図 3·5 ●閉路の設定パターン 3

以下では，図 3·3 に示す閉路の設定パターン 1 に対して，閉路方程式の立て方，解き方の手順を説明する[*1].

[*1] この例題で 2Ω の抵抗に流れる電流だけを求める問題であれば，パターン 2 (図 3·4) か 3 (図 3·5) の設定方法を選んだ方が計算は簡単に済みます. つまり，これらのパターンでは，方程式を解いた閉路 II の電流が，そのまま答えとなります. パターン 1 (図 3·3) だと，方程式を解いた後に，閉路 I と閉路 II の電流の差を計算する必要があります.

〈手順 2〉閉路方程式を立てる

手順 1 で設定した閉路に流れる電流を $i_k(k=1,2)$ [A] とおいて，それぞれの閉路に対して，次の形式で KVL の方程式を立てる．

$$\text{電圧降下の総和} = \text{電圧上昇の総和} \tag{3.2}$$

ここで，式を立てるときに，次の 2 点に注意しよう．

ポイント1 対象としている閉路の素子に，対象としている閉路以外の電流が流れている場合*2，その電流も考慮して，左辺の電圧降下の総和を求める．

ポイント2 右辺の符号は，閉路の考える向きに注意して設定する．つまり，電圧を上昇させる電圧源の向きが，閉路の考える向きと同じであればプラス，逆向きであればマイナスの符号となる．

図 3.3 の例では，それぞれの閉路に対して，次の方程式を立てることができる．

> 5Ω と 2Ω の抵抗に，i_1 [A] の電流が流れます．

$$\begin{cases} (5+2)i_1 -2i_2 = 20 & \text{(閉路 I)} \\ -2i_1 + (2+6)i_2 = -28 & \text{(閉路 II)} \end{cases} \tag{3.3}$$

> 閉路 II の右辺の電圧上昇の総和は，電圧を上昇させる電圧源（28 V の直流電源）の向きが，上向きに電流を流す方向であり，閉路 II の考える向きと逆となることから，マイナスの符号となります．

Point

連立方程式の変数（ここでは，電流 i_k の添え字）が揃うように方程式を書いておくと，次の手順で方程式を解くときに間違いが少なくなります．

これをまとめて，次の閉路方程式が求まる．

$$\begin{cases} 7i_1 - 2i_2 = 20 & \text{(閉路 I)} \\ -2i_1 + 8i_2 = -28 & \text{(閉路 II)} \end{cases} \tag{3.4}$$

〈手順 3〉連立方程式を解く

手順 2 で立てた連立方程式（式 (3.4)）を解く．電流 i_k の添え字 k を揃えることに注意して，代入法，消去法，または，行列表現を用いた解法を用いて解く．

---

*2 図 3.3 の例では閉路 I および II を対象としたときの 2Ω の抵抗に流れる逆向きの電流．

たとえば，図 3·3 の例に対して立てた連立方程式を消去法で解くと，次のようになる．

$$\begin{cases} 28i_1 - 8i_2 = 80 & (\text{閉路 I}) \times 4 \\ -2i_1 + 8i_2 = -28 & (\text{閉路 II}) \times 1 \end{cases} \quad (3\cdot5)$$

両方程式を加えて

$$26i_1 = 52 \quad (3\cdot6)$$

したがって

$$i_1 = 2\,\text{A}, \quad i_2 = -3\,\text{A} \quad (3\cdot7)$$

ここで，閉路 II の電流の符号がマイナスとなったことから，考える向き（この場合は右回り）と逆の左回りの電流が閉路 II に流れていることがわかる．

　上の例では，連立方程式を消去法を用いて解きました．一般的に，閉路方程式を行列形式で記述すると，線形代数で学ぶクラメルの公式などを用いて，機械的に解を求めることができます．以下では，連立方程式（式 (3·4)）を行列式で記述し，クラメルの公式を用いて解く方法を解説します．
　線形代数をまだ習っていない人もいるでしょうから，まずは，行列の基本的な事項をまとめておきます．

行列とは　図 3·6 に示すように，数や変数を縦横に並べた表のような形式で表したもので，横の並びを行，縦の並びを列といいます．

図 3·6 ●行列とは

行列の積　図 3·7 に示すように，左（前）の行列のある 1 行と，右（後）の行列の 1 列を組み合わせて計算します．つまり，行の成分と列の成分をそれぞれ一つずつ掛け合わせ，それらを足して行に並べることで，行列の積が計算できます．

連立方程式の行列表現　連立方程式

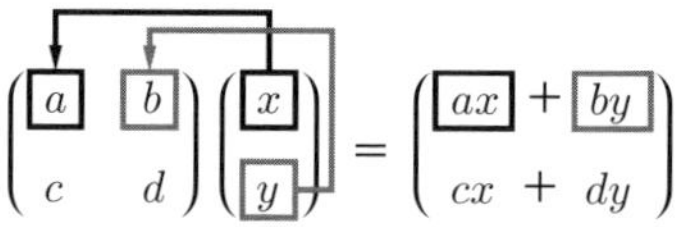

$$\begin{pmatrix} a & b \\ c & d \end{pmatrix} \begin{pmatrix} x \\ y \end{pmatrix} = \begin{pmatrix} ax + by \\ cx + dy \end{pmatrix}$$

図 3·7 ●行列の積（2 × 2 行列と 2 × 1 行列の積の例）

$$\begin{cases} ax + by = p \\ cx + dy = q \end{cases} \tag{3·8}$$

は，行列を用いて

$$\begin{pmatrix} a & b \\ c & d \end{pmatrix} \begin{pmatrix} x \\ y \end{pmatrix} = \begin{pmatrix} p \\ q \end{pmatrix} \tag{3·9}$$

と書くことができます．

行列式　行列 A を

$$A = \begin{pmatrix} a & b \\ c & d \end{pmatrix} \tag{3·10}$$

とすると，行列 A の行列式は，次のように定義されます．

$$|A| = \begin{vmatrix} a & b \\ c & d \end{vmatrix} = ad - bc \tag{3·11}$$

　以上で行列の基本事項は終わりにして，本題に戻りましょう．2×2 正則行列[*3]で表される一次方程式に対する**クラメルの公式**は

$$\begin{pmatrix} a & b \\ c & d \end{pmatrix} \begin{pmatrix} x \\ y \end{pmatrix} = \begin{pmatrix} p \\ q \end{pmatrix} \tag{3·12}$$

の唯一の解は，次の式で与えられる

$$x = \frac{\begin{vmatrix} p & b \\ q & d \end{vmatrix}}{\begin{vmatrix} a & b \\ c & d \end{vmatrix}}, \qquad y = \frac{\begin{vmatrix} a & p \\ c & q \end{vmatrix}}{\begin{vmatrix} a & b \\ c & d \end{vmatrix}} \tag{3·13}$$

という公式です．これを行列式の定義を用いて書き直すと

[*3] n 次正方行列 A が正則であるための必要十分条件は，行列式 $|A| \neq 0$

$$x = \frac{pd - bq}{ad - bc}, \qquad y = \frac{aq - pc}{ad - bc} \qquad (3\cdot 14)$$

と表すことができます．

それでは，具体的に式 (3·4) の例題を解いていきましょう．式 (3·4) を行列を用いて表すと

$$\begin{pmatrix} 7 & -2 \\ -2 & 8 \end{pmatrix} \begin{pmatrix} i_1 \\ i_2 \end{pmatrix} = \begin{pmatrix} 20 \\ -28 \end{pmatrix} \qquad (3\cdot 15)$$

となります．ここで，クラメルの公式を用いて，それぞれの閉路の電流は

$$i_1 = \frac{\begin{vmatrix} 20 & -2 \\ -28 & 8 \end{vmatrix}}{\begin{vmatrix} 7 & -2 \\ -2 & 8 \end{vmatrix}} = \frac{20 \times 8 - (-2) \times (-28)}{7 \times 8 - (-2) \times (-2)} = \frac{104}{52} = 2\,\mathrm{A} \qquad (3\cdot 16)$$

$$i_2 = \frac{\begin{vmatrix} 7 & 20 \\ -2 & -28 \end{vmatrix}}{\begin{vmatrix} 7 & -2 \\ -2 & 8 \end{vmatrix}} = \frac{7 \times (-28) - 20 \times (-2)}{7 \times 8 - (-2) \times (-2)} = \frac{-156}{52} = -3\,\mathrm{A} \qquad (3\cdot 17)$$

と簡単に求めることができます．

[2] 電流源を含む回路に対する閉路方程式

前節では，電流源を含まない，基本的な回路に対する閉路方程式の立て方と解き方を学びました．ここでは，回路に電流源を含む場合の閉路方程式の立て方を示します．次の例題に対して，電流源を含む回路に対する閉路方程式の立て方を説明します．

例題 3.2

図 3·8 の回路について，閉路方程式を示し，各閉路の電流を求めよ．また，$2\,\Omega$ の抵抗に流れる電流 i とその向きを求めよ．

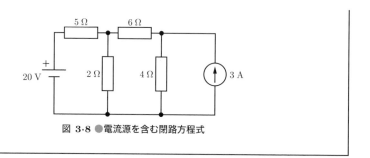

図 3·8 ●電流源を含む閉路方程式

■答え

〈手順1〉電流源を除いた閉路の設定

電流源を除いた回路を構成するすべての素子に，いずれかの電流が流れるように閉路を設定する．ここで，閉路の向きは，考える方向（右回りか左回り）で統一する．

Point

電流源を以外のすべての素子が，いずれかの閉路に含まれるように設定します．

たとえば，図3·8の回路に対しては，図3·9に示すように，閉路Iと閉路IIを設定すれば，電流源を除いたすべての素子にいずれかの電流が流れるよう閉路が設定できたことになる．

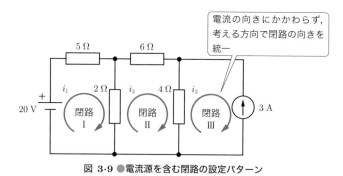

図 3·9 ●電流源を含む閉路の設定パターン

〈手順2〉電流源を含めた閉路の設定

手順1で設定した閉路に加え，電流源を含む閉路を設定する．閉路の向きは，手順1の向きと統一する．図3·9の例では，閉路IIIが，この手順で設定する，電

流源を含む閉路となる．

⟨手順3⟩ 電流源を除いた閉路方程式を立てる

手順1で設定した電流源を除いた閉路 k に流れる電流を i_k [A] とおいて，それぞれの閉路に対して，次の形式で KVL の方程式を立てる．

$$\text{電圧降下の総和} = \text{電圧上昇の総和} \tag{3.18}$$

⟨手順4⟩ 電流源を含む閉路の方程式を立てる

手順2で設定した電流源を含む閉路の電流値は，電流源の値とする．ここで，設定した閉路の向きと電流源の向きが同じであればプラス，逆向きであればマイナスとする．

図 3.9 の閉路設定パターンに対しては，それぞれの閉路について次の方程式を立てることができる．

$$\begin{cases} (5+2)i_1 \quad -2i_2 \quad\quad = 20 & (\text{閉路 I}) \\ -2i_1 + (2+6+4)i_2 - 4i_3 = \ 0 & (\text{閉路 II}) \\ \quad\quad\quad\quad\quad\quad i_3 = -3 & (\text{閉路 III}) \end{cases} \tag{3.19}$$

> 電流源を含む閉路 III の電流 i_3 は，設定した閉路の向きと電流源の向きが逆向きなので，マイナスとなります．

これをまとめて，次の閉路方程式が設定できる．

$$\begin{cases} 7i_1 \quad -2i_2 \quad\quad = 20 & (\text{閉路 I}) \\ -2i_1 + 12i_2 - 4i_3 = \ 0 & (\text{閉路 II}) \\ \quad\quad\quad\quad i_3 = -3 & (\text{閉路 III}) \end{cases} \tag{3.20}$$

手順3は，前節と同様となる．式 (3.20) の連立方程式を解くことで

$$i_1 = \frac{27}{10}\,\text{A}, \quad i_2 = -\frac{11}{20}\,\text{A}, \quad i_3 = -3\,\text{A} \tag{3.21}$$

と各閉路の電流が求まる．

これから，$2\,\Omega$ の抵抗に流れる電流 i は

$$i = i_1 - i_2 = \frac{27}{10} - \left(-\frac{11}{20}\right) = \frac{13}{4}\,\text{A} \tag{3.22}$$

となり，その向きは i の値がプラスであるので，設定した閉路 I の向きと同じ下向きと求まる．

3・2 節点方程式

キルヒホッフの電流則（KCL）を用いて，回路の中の節点の電圧を求める方程式を**節点方程式**といいます．節点の電圧に関する連立方程式を解くことで，回路内の節点の電圧を効率的に求めることができます．節点方程式を用いて電圧を求める方法は，閉路方程式を用いて電流を求める方法と双対の関係となります．

〔1〕 基本的な回路に対する節点方程式

次の例題に対して，節点方程式の立て方，解き方の手順を説明します．

例題 3.3

図3・10の回路について，節点方程式を示し，節点 a, b の電圧を求めよ．

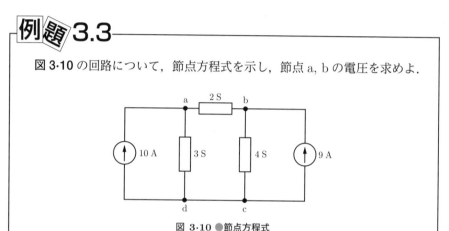

図 3・10 ●節点方程式

■答え

〈手順1〉電圧の設定

回路の中の任意の一つの節点を接地し，その節点を基準にほかの節点の電圧を設定する．

Point

接地した節点と直接つながっている節点の電圧は 0 V

図3・10の回路に対して，手順1の電圧の設定を行うと，**図3・11**のとおりとなる．すなわち，節点 d を接地し，節点 c と節点 d の電圧 0 V を基準にして，節点 a と節点 b の電圧を，それぞれ v_a [V]，v_b [V] と設定する．

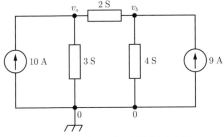

図 3·11 ●節点の電圧を設定した回路

〈手順2〉節点方程式を立てる

手順1で0V以外に設定したそれぞれの節点 k に対して，次の形式で KCL の方程式を立てる．

(節点 k に接続するコンダクタンスの総和) × (節点 k の電圧)
$-\{$(隣接節点との間のコンダクタンス) × (隣接節点の電圧)$\}$ の総和
$=$ 節点 k に流入する電流の総和 (3·23)

（左辺の第2項以降は必ずマイナスの符号）

（右辺は，節点 k に電流が流入する場合はプラス，流出するときはマイナス）

図 3·11 の例では，手順 2 にしたがい，節点 a，b に対して次の方程式を立てることができる．

（節点 a に接続するのは，3 S と 2 S のコンダクタンス）
（節点 a の隣接節点は節点 b．その間のコンダクタンスは 2 S）
（節点 a に流入する電流は 10 A）

$$\begin{cases} (3+2)v_a - 2v_b = 10 & \text{(節点 a)} \\ (4+2)v_b - 2v_a = 9 & \text{(節点 b)} \end{cases} \tag{3·24}$$

この例題では，両方の節点とも電流が流れ込んでいるので，方程式の右辺はいずれもプラスになる．これらをまとめて，次の節点方程式が求まる．

$$\begin{cases} 5v_a - 2v_b = 10 & \text{(節点 a)} \\ -2v_a + 6v_b = 9 & \text{(節点 b)} \end{cases} \tag{3·25}$$

> **Point**
>
> 手順2にしたがって求まる節点方程式では，連立方程式の変数（ここでは，電圧 v_k の添え字）が揃わなくなります．閉路方程式と同様に，変数が揃うように方程式を書き直しておくと，次の手順で方程式を解くときに間違いが少なくなります．

ここで，式 (3·25) が KCL から求まる式であることを確認しておく．

節点 a に対する KCL は，流出電流 = 3S および 2S のコンダクタンスに流れる電流の和，および，流入電流 = 10 A となることから

$$3v_a + 2(v_a - v_b) = 10$$

と表すことができる．これを v_a, v_b に対してまとめると，上の連立方程式の節点 a の式となることが確かめられる．

〈手順3〉連立方程式を解く

手順2で立てた連立方程式を解く．解き方は，閉路方程式と同様となる．

式 (3·25) の連立方程式を解くと

$$v_a = 3\,\text{V}, \quad v_b = \frac{5}{2}\,\text{V}$$

と，節点 a と節点 b の電圧がそれぞれ求まった．

[2] 電圧源を含む回路に対する節点方程式

前節では，電圧源を含まない，基本的な回路に対する節点方程式の立て方と解き方を学びました．ここでは，回路に電圧源を含む場合の節点方程式の立て方を示します．次の例題に対して，電圧源を含む回路に対する節点方程式の立て方を説明します．

例題 3.4

図 3·12 の回路について，節点方程式を示し，節点 a, b の電圧を求めよ．

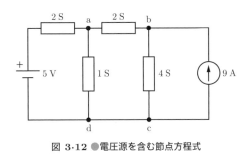

図 3·12 ●電圧源を含む節点方程式

■答え

〈手順1〉電圧の設定

基本的な回路に対する節点方程式の立て方と同様，回路の中の任意の一つの節点を接地し，その節点を基準にほかの節点の電圧を設定する．さらに，これに加えて，**電圧源の片側を新たな節点として，電圧を設定**する．

> **Point**
> 節点方程式の立て方の手順で，電圧源を含む回路の場合に，付け加える手順はココだけ！

図 3·12 の回路に対して，手順 1 の電圧の設定を行うと，**図 3·13** のとおりとなる．すなわち，節点 d を接地し，節点 c と節点 d の電圧 0 V を基準にして，節点 a と節点 b の電圧を，それぞれ v_a [V]，v_b [V] と設定する．さらに，電圧源の片側を新たな節点 e として，電圧 v_e [V] を設定する．

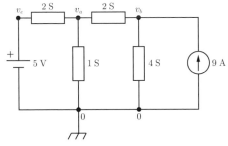

図 3·13 ●節点の電圧を設定した電圧源を含む回路

〈手順2〉節点方程式を立てる

手順1で0V以外に設定したそれぞれの節点 k に対して，節点方程式を立てる．ここで，電圧源の片側に設定した電圧値は，電圧源の値となる．

これ以降の手順は，基本的な回路に対する節点方程式の解法と同じである．

図3·13に対しては，それぞれの節点について，次の方程式を立てることができる．

> 節点 b のほかに，節点 e も節点 a の隣接節点であることに注意

$$\begin{cases} (2+1+2)v_a - 2v_b - 2v_e = 0 & (節点\ a) \\ (4+2)v_b - 2v_a = 9 & (節点\ b) \\ v_e = 5 & (節点\ e) \end{cases} \quad (3\cdot 26)$$

> 電圧源の片側に設定した電圧値は，電圧源の値

これをまとめて，次の節点方程式が求まる．

$$\begin{cases} 5v_a - 2v_b - 2v_e = 0 & (節点\ a) \\ -2v_a + 6v_b = 9 & (節点\ b) \\ v_e = 5 & (節点\ e) \end{cases} \quad (3\cdot 27)$$

この連立方程式を解くと

$$v_a = 3\,\text{V}, \quad v_b = \frac{5}{2}\,\text{V}$$

と，節点 a と節点 b の電圧が求まる．

Point

電圧源を含む回路に対する節点方程式の解き方は，この方法のほかに，電圧源を電流源に変換して解く方法があります．これについては，5章の電流源と電圧源の相互変換を学んだ後に説明します．

☑ ① 閉路方程式とは何か説明せよ． (5点)

☑ ② 電流源を含む回路に対する閉路方程式の立て方と解き方の手順を説明せよ． (5点)

☑ ③ 節点方程式とは何か説明せよ． (5点)

☑ ④ 節点方程式の立て方の手順において，電圧源を含む回路の場合に付け加える手順は何か． (5点)

☑ ⑤ 次の図 3・14 で表される回路において，閉路方程式を示せ． (10点)

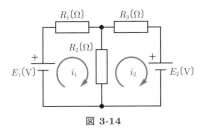

図 3・14

☑ ⑥ 次の図 3・15 で表される回路において，閉路方程式を示せ． (10点)

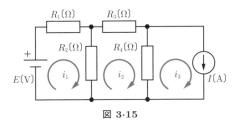

図 3・15

⑦ 次の図 3·16 で表される回路において，抵抗 $R = 2\,\Omega$ のとき，抵抗 R に流れる電流 $i\,[\mathrm{A}]$ を求めよ． (12 点)

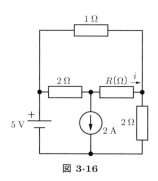

図 3·16

⑧ 次の図 3·17 で表される回路において，節点方程式を立て，節点の電圧 v_a, v_b を求めよ． (12 点 = 6 点 × 2)

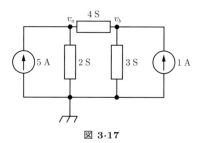

図 3·17

⑨ 次の図 3·18 で表される回路において，節点方程式を示せ． (10 点)

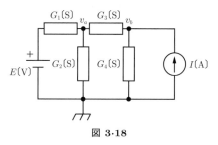

図 3·18

⑩ 次の図 3·19 で表される回路において，コンダクタンス $G = 0.5\,\text{S}$ のとき，コンダクタンス G に流れる電流 $i\,[\text{A}]$ を節点方程式で求めよ．また，電流の向きを図に示せ． (12 点 = 6 点 × 2)

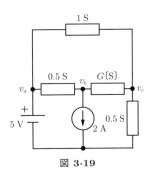

図 3·19

⑪ 次の図 3·20 で表される回路において，コンダクタンス G_b に流れる電流が 0 となる条件を節点方程式を用いて求めよ． (14 点)

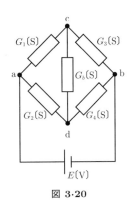

図 3·20

抵抗をまとめて回路を簡単に
―合成抵抗―

この章では，回路の中にある複数の抵抗を一つにまとめたり，接続のしかたを変えることで，回路を簡単にする方法を学びます．まず，4・1節では，直列につないだ抵抗を一つの抵抗にまとめたときの合成抵抗の求め方と，全体の電圧を各々の抵抗にかかる電圧に分ける「分圧」の考え方を学びます．次に，4・2節では，並列につないだ抵抗を一つの抵抗にまとめたときの合成抵抗の求め方と，全体の電流を各々の抵抗に流れる電流に分ける「分流」の考え方を学びます．この節では，抵抗の逆数を表すコンダクタンスを用いた場合の，合成コンダクタンスの求め方と，分流の考え方についても説明します．最後に，4・3節では，三つの抵抗がつながった，△（Δ，デルタ）接続とY（Y，スター，または，ワイ）接続を相互に変換する方法を学びます．これらの方法を使って，複数の抵抗をまとめたり，変形して，回路を簡単にすることで，回路内を流れる電流や電圧を簡単に求めることができます．

- 直列接続の合成抵抗と分圧
- 並列接続の合成コンダクタンスと分流
- △-Y変換

4・1 抵抗の直列接続と分圧

[1] 直列接続の合成抵抗

図4・1のように，複数の抵抗を直線に並べたつなぎ方を**直列接続**と呼びます．

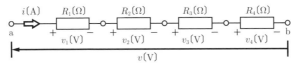

図 4・1 ●抵抗の直列接続

> **Point**
>
> 直列接続では，すべての抵抗に等しい電流が流れます．

この図に示す例を用いて，抵抗を直列接続したときの，端子 ab 間の両端の抵抗値を求めてみましょう．直列接続したときは，電流の分かれ道はないので，すべての抵抗に等しい電流 i [A] が流れます．各抵抗の値を，R_1 [Ω], R_2 [Ω], R_3 [Ω], R_4 [Ω] と表すと，それぞれの抵抗にかかる電圧，v_1 [V], v_2 [V], v_3 [V], v_4 [V] は，オームの法則から次の式で表すことができます．

$$v_1 = iR_1, \qquad v_2 = iR_2, \qquad v_3 = iR_3, \qquad v_4 = iR_4 \tag{4.1}$$

全体の両端の電位差（電圧降下）v は，これらの総和となることから

$$v = v_1 + v_2 + v_3 + v_4 = i(R_1 + R_2 + R_3 + R_4) \tag{4.2}$$

と表すことができます．このことから，端子 ab 間の両端の抵抗 R_{ab} とそれぞれの抵抗との間には

$$R_{ab} = R_1 + R_2 + R_3 + R_4 \tag{4.3}$$

という関係が成り立つことがわかります．

この R_{ab} を直列接続のときの**合成抵抗**と呼びます（**図 4.2**）．ここでは，4 個の抵抗を直列接続した例で説明しましたが，一般に，n 個の抵抗を直列接続したときの合成抵抗は，各抵抗の総和として

$$R_{ab} = R_1 + R_2 + \cdots + R_n \tag{4.4}$$

と表すことができます．

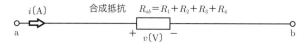

図 4.2 ● 直列接続の合成抵抗

> **Point**
>
> 直列接続の合成抵抗は各抵抗の総和

[2] 直列接続における分圧

この合成抵抗 R_{ab} と両端にかかる電圧 v および流れる電流 i との間には，オームの法則

$$v = iR_{ab} \tag{4.5}$$

が成り立ちます．このことから，各抵抗 R_k にかかる電圧 v_k を，合成抵抗 R_{ab} を用いて表すと

$$v_k = iR_k = R_k \frac{v}{R_{ab}} = \frac{R_k}{R_{ab}} v \tag{4.6}$$

となります．つまり，「直列接続した，それぞれの抵抗にかかる電圧は，合成抵抗とそれぞれの抵抗の比で決まる」ということができます．これを**分圧**と呼びます．また，この式から，電流 i を求めなくても合成抵抗がわかれば，それぞれの抵抗にかかる電圧を求めることができる，ということがわかります．分圧のイメージを水の落差にたとえて表すと，図 4·3 のようになります．

Point

分圧：全体の電圧を，合成抵抗とそれぞれの抵抗の比で分けます．

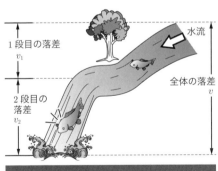

全体の落差 v が，1 段目の落差 v_1 と 2 段目の落差 v_2 に分かれる＝分圧する

図 4·3 ● 分圧のイメージ

例題 4.1

図 4·4 の端子 ab 間の合成抵抗 R_{ab} と各抵抗にかかる電圧 v_k $(k = 1, 2)$ を求めよ．

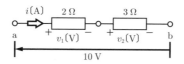

図 4·4 ●直列接続の合成抵抗と分圧

■答え

直列接続の合成抵抗は，各抵抗の総和となることから

$$R_{ab} = 2 + 3 = 5\,\Omega \tag{4.7}$$

分圧の式を用いて，各抵抗にかかる電圧 v_k は

$$v_1 = \frac{R_1}{R_{ab}}v = \frac{2}{5} \times 10 = 4\,\mathrm{V}$$

$$v_2 = \frac{R_2}{R_{ab}}v = \frac{3}{5} \times 10 = 6\,\mathrm{V}$$

4·2 抵抗の並列接続と分流

[1] 並列接続の合成抵抗

つぎに，抵抗を並列に並べたときの特性をみてみましょう．図 4·5 のように，複数の抵抗を並行に並べたつなぎ方を**並列接続**と呼びます．

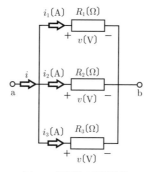

図 4·5 ●抵抗の並列接続

Point
並列接続では，すべての抵抗に等しい電圧がかかります．

直列接続の場合と同様に，この図に示すように三つの抵抗を並列接続したときを例に，端子 ab 間の両端の合成抵抗を求めてみましょう．並列接続したときは，すべての抵抗に等しい電圧 v [V] がかかっています．各抵抗の値を R_1 [Ω]，R_2 [Ω]，R_3 [Ω] と表すと，それぞれの抵抗に流れる電流 i_1 [A]，i_2 [A]，i_3 [A] は，オームの法則から次の式で表すことができます．

$$i_1 = \frac{v}{R_1}, \qquad i_2 = \frac{v}{R_2}, \qquad i_3 = \frac{v}{R_3} \tag{4.8}$$

全体の電流 i は，これらの総和となることから

$$i = i_1 + i_2 + i_3 = v\left(\frac{1}{R_1} + \frac{1}{R_2} + \frac{1}{R_3}\right) \tag{4.9}$$

と表すことができます．このことから，並列接続したときの合成抵抗は

$$R_{ab} = \frac{1}{\frac{1}{R_1} + \frac{1}{R_2} + \frac{1}{R_3}} = \frac{R_1 R_2 R_3}{R_2 R_3 + R_1 R_3 + R_1 R_2} \tag{4.10}$$

と求まります（図 4.6）．ここでは，3 個の抵抗を並列接続した例で説明しましたが，一般に，n 個の抵抗を並列接続したときの合成抵抗は，各抵抗の逆数の総和の逆数として

$$R_{ab} = \frac{1}{\frac{1}{R_1} + \frac{1}{R_2} + \cdots + \frac{1}{R_n}} \tag{4.11}$$

と表すことができます．

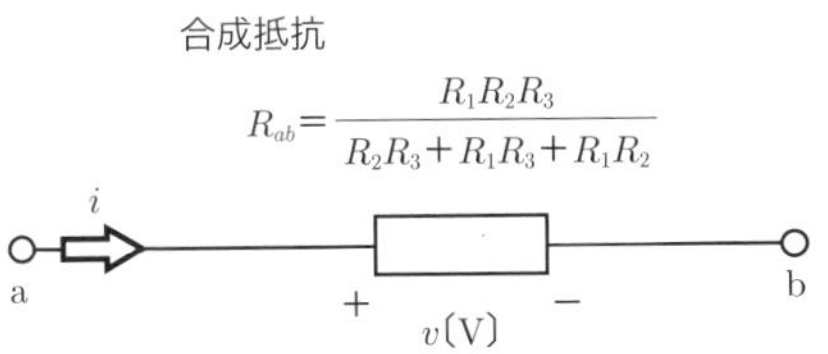

図 4.6 ●並列接続の合成抵抗

Point

並列接続の合成抵抗は各抵抗の逆数の総和の逆数

例題 4.2

図 4·7 の端子 ab 間の合成抵抗 R_{ab} と各抵抗に流れる電流 i_k を求めよ．

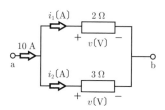

図 4·7 ●並列接続の合成抵抗

■答え

並列接続の合成抵抗は，各抵抗の逆数の総和をとったものの逆数となることから

$$R_{ab} = \cfrac{1}{\cfrac{1}{R_1} + \cfrac{1}{R_2}} = \frac{2 \times 3}{2+3} = \frac{6}{5}\,\Omega \tag{4·12}$$

それぞれの抵抗にかかる電圧 v は等しく

$$v = iR_{ab} = 10 \times \frac{6}{5} = 12\,\text{V} \tag{4·13}$$

と求まる．また，オームの法則から，各抵抗に流れる電流 i_k は

$$i_1 = \frac{v}{R_1} = \frac{12}{2} = 6\,\text{A}$$

$$i_2 = \frac{v}{R_2} = \frac{12}{3} = 4\,\text{A}$$

と求まる．

図 4·7 で 2Ω，3Ω の抵抗をそれぞれ R_1，R_2 と表すと，一般的に並列接続の合成抵抗は

$$R_{ab} = \frac{R_1 R_2}{R_1 + R_2} \tag{4·14}$$

と表すことができる．

電気工事士筆記試験などの勉強で習ったことがある人もいると思いますが，この式は，**和分の積（わぶんのせき）** と呼ばれる式です．参考書によっては，式を簡略化するために，垂直な2本の平行線 $\|$ を使って，$R_1 \| R_2$ と記述したり，斜めの平行線「$//$」を使って，$R_1//R_2$ と記述する場合もあります．ここで，和分の積は，抵抗2個の並列接続の場合だけ成り立つ式であることに注意しましょう．

[2] 並列接続の合成コンダクタンス

以上に説明した関係式は，抵抗の逆数を表すコンダクタンスを用いることで簡単に表現できます．図4·5をコンダクタンスを用いて書き換えた，**図4·8**の例で，端子 ab 間の両端のコンダクタンス値を求めてみましょう．

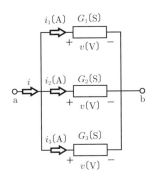

図 4·8 ●コンダクタンスの並列接続

前と同様に，それぞれのコンダクタンスに流れる電流 i_1 [A]，i_2 [A]，i_3 [A] は，オームの法則から次の式で表すことができます．

$$i_1 = vG_1, \qquad i_2 = vG_2, \qquad i_3 = vG_3 \tag{4·15}$$

全体の電流 i は，これらの総和となることから

$$i = i_1 + i_2 + i_3 = v(G_1 + G_2 + G_3) \tag{4·16}$$

と表すことができます．このことから，端子 ab 間の両端のコンダクタンス G_{ab} は

$$G_{ab} = G_1 + G_2 + G_3 \tag{4.17}$$

と求まります．一般に，n 個のコンダクタンスを並列接続したときの，両端のコンダクタンス G_{ab} は

$$G_{ab} = G_1 + G_2 + \cdots + G_n \tag{4.18}$$

と表すことができます．

> 並列接続の合成コンダクタンスは各コンダクタンスの総和

この G_{ab} を並列接続のときの**合成コンダクタンス**と呼びます（図 4·9）．

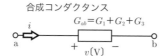

図 4·9 ●並列接続の合成コンダクタンス

〔3〕 並列接続における分流

この合成コンダクタンス G_{ab} と両端にかかる電圧 v および全体に流れる電流 i との間には，オームの法則

$$v = \frac{i}{G_{ab}} \tag{4.19}$$

が成り立ちます．このことから，各コンダクタンス G_k に流れる電流 i_k を，合成コンダクタンス G_{ab} を用いて

$$i_k = vG_k = \frac{i}{G_{ab}}G_k = \frac{G_k}{G_{ab}}i \tag{4.20}$$

と表すことができます（図 4·10）．つまり「並列接続した，それぞれのコンダクタンスに流れる電流は，合成コンダクタンスとそれぞれのコンダクタンスの比で決まる」ということができます．これを**分流**と呼びます．また，この式から，電圧 v を求めなくても合成コンダクタンスがわかれば，それぞれのコンダクタンスに流れる電流を求めることができる，ということがわかります．分流のイメージを水の流れに例えて表すと，図 4·11 のようになります．

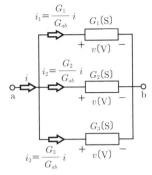

図 4·10 ●並列接続の分流（コンダクタンス）

Point

分流：全体の電流を，合成コンダクタンスとそれぞれのコンダクタンスの比で分けます．

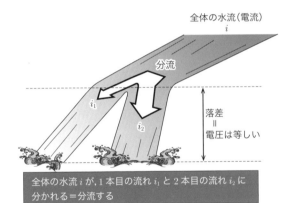

図 4·11 ●分流のイメージ

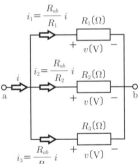

図 4·12 ●並列接続の分流（抵抗）

また，分流の式を合成抵抗とそれぞれの抵抗値を用いて表すと

$$i_k = \frac{R_{ab}}{R_k} i \tag{4·21}$$

と書き直すことができます（**図 4·12**）．

4·3 △-Y 変換

回路の中の三つの節点を3個の抵抗で接続する方法は，図 **4·13** に示すように △（デルタ）接続，あるいは，Y（スターまたはワイ）接続の2通りの場合に分けられます．この節では，端子 a，b，c からみて，これらの二つの特性が等しくなるときの，接続形態を相互に変換する方法を学びます．

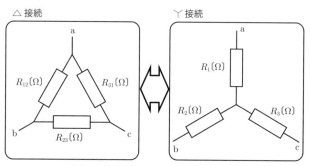

図 **4·13** ● △ 接続と Y 接続

図 4·13 のそれぞれの接続形態は，端子 ab 間の接続に注目すると，図 **4·14** のように書き直すことができます．図 4·14 の右図，Y 接続における端子 ab 間の合成抵抗は，二つの抵抗の直列接続となることから

$$R_{ab} = R_1 + R_2 \tag{4·22}$$

同様に，Y 接続における，その他の端子 bc 間，ca 間の合成抵抗は

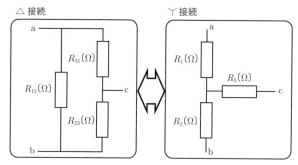

図 **4·14** ● 端子 ab 間に注目した △ 接続と Y 接続

$$R_{bc} = R_2 + R_3 \tag{4.23}$$

$$R_{ca} = R_3 + R_1 \tag{4.24}$$

と表すことができます．これらの式 (4·22), (4·23), (4·24) から

$$\begin{aligned} R_{ab} - R_{bc} + R_{ca} &= 2R_1 \\ R_{ab} + R_{bc} - R_{ca} &= 2R_2 \\ -R_{ab} + R_{bc} + R_{ca} &= 2R_3 \end{aligned} \tag{4.25}$$

の関係式が得られます．

また，図 4·14 の左図，△ 接続における，端子 ab 間の合成抵抗は

$$R'_{ab} = \frac{R_{12}(R_{31} + R_{23})}{R_{12} + R_{23} + R_{31}} \tag{4.26}$$

R_{12} と $R_{31} + R_{23}$ との和分の積

と表すことができます．

その他の端子 bc 間，ca 間についても同様に

$$R'_{bc} = \frac{R_{23}(R_{12} + R_{31})}{R_{12} + R_{23} + R_{31}} \tag{4.27}$$

$$R'_{ca} = \frac{R_{31}(R_{12} + R_{23})}{R_{12} + R_{23} + R_{31}} \tag{4.28}$$

と表すことができます．これらの式 (4·26), (4·27), (4·28) から

$$\begin{aligned} R'_{ab} - R'_{bc} + R'_{ca} &= \frac{2R_{12}R_{31}}{R_{12} + R_{23} + R_{31}} \\ R'_{ab} + R'_{bc} - R'_{ca} &= \frac{2R_{12}R_{23}}{R_{12} + R_{23} + R_{31}} \\ -R'_{ab} + R'_{ab} + R'_{ca} &= \frac{2R_{23}R_{31}}{R_{12} + R_{23} + R_{31}} \end{aligned} \tag{4.29}$$

の関係式が得られます．

それぞれの端子 a, b, c からみて，二つの接続形態の特性が等しくなるためには，端子 ab 間，bc 間，ca 間のそれぞれの合成抵抗が等しくなる必要があります．すなわち

$$R_{ab} = R'_{ab}, \qquad R_{bc} = R'_{bc}, \qquad R_{ca} = R'_{ca} \tag{4.30}$$

が成り立ちます．式 (4·25) と式 (4·29) を，式 (4·30) に代入することで，△ 接続から Y 接続への相互変換の公式

△-Y 変換公式

$$R_1 = \frac{R_{12}R_{31}}{R_{12} + R_{23} + R_{31}}$$
$$R_2 = \frac{R_{12}R_{23}}{R_{12} + R_{23} + R_{31}} \quad (4\cdot31)$$
$$R_3 = \frac{R_{23}R_{31}}{R_{12} + R_{23} + R_{31}}$$

ならびに，Y 接続から △ 接続への相互変換の公式

Y-△ 変換公式

$$R_{12} = R_1 + R_2 + \frac{R_1 R_2}{R_3}$$
$$R_{23} = R_2 + R_3 + \frac{R_2 R_3}{R_1} \quad (4\cdot32)$$
$$R_{31} = R_3 + R_1 + \frac{R_3 R_1}{R_2}$$

が得られます．

つづいて，これらの変換公式の応用例をみていきましょう．

例題 4.3

図 4·15 の端子 ab 間の合成抵抗 R_{ab} を Y-△ 変換公式を用いて求めよ．

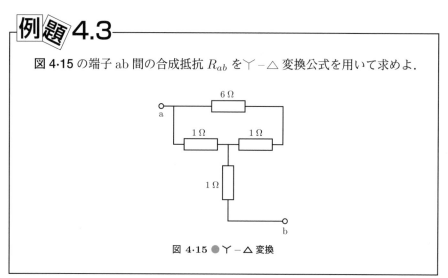

図 4·15 ● Y-△ 変換

■答え

図 4·16(1) の 1Ω の抵抗が 3 個 Y 接続されている部分に，Y-△ 変換公式を適用して

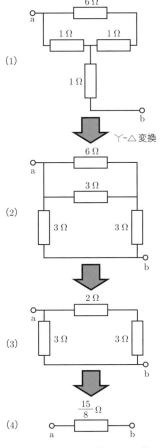

図 4·16 ● Y–△ 変換の例題の答え

$$R_{12} = R_{23} = R_{31} = 3\,\Omega \tag{4.33}$$

と図 4·16(2) の形に変換できる．つづいて，横に並列接続されている二つの抵抗，$6\,\Omega$ と $3\,\Omega$ の和分の積を求めて図 4·16(3) の形に変形し，最後に，$2\,\Omega$ と $3\,\Omega$ の直列接続の総和，$5\,\Omega$ と $3\,\Omega$ の和分の積を求めて，図 4·16(4) のとおり

$$R_{ab} = \frac{15}{8}\,\Omega \tag{4.34}$$

と求めることができる[*1]．

[*1] この問題の場合は，Y–△ 変換を行わなくても，直列接続と並列接続の合成抵抗を求める式を用いて，R_{ab} を求めることができます．

正解したら
チェック！

☑ ① 端子 ab 間にかかる電圧を v [V] としたときの，端子 ab 間の合成抵抗と各抵抗にかかる電圧 v_k $(k = 1, 2, \cdots, 4)$ を求めよ． (5 点 = 1 点 × 5)

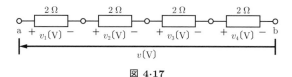

図 4·17

☑ ② 端子 ab 間にかかる電圧を v [V] としたときの，端子 ab 間の合成抵抗と各抵抗にかかる電圧 v_k $(k = 1, 2, \cdots, 4)$ を求めよ． (5 点 = 1 点 × 5)

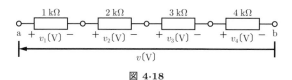

図 4·18

☑ ③ 端子 ab 間にかかる電圧を v [V] としたときの，端子 ab 間の合成コンダクタンスと各コンダクタンスにかかる電圧 v_k $(k = 1, 2, \cdots, 4)$ を求めよ． (5 点 = 1 点 × 5)

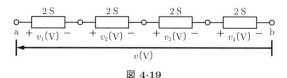

図 4·19

④ 端子 ab 間にかかる電圧を v [V] としたときの，端子 ab 間の合成コンダクタンスと各コンダクタンスにかかる電圧 v_k $(k=1,2,\cdots,4)$ を求めよ． (5点 = 1点 × 5)

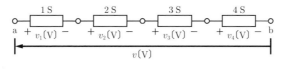

図 4·20

⑤ 抵抗 R の電圧 v_R が 2 V となるときの R の値を求めよ． (2点)

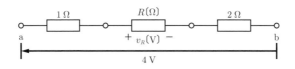

図 4·21

⑥ 抵抗 R の電圧 v_R が 2 V となるときの R の値を求めよ． (2点)

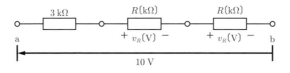

図 4·22

⑦ コンダクタンス G の電圧 v_G が $2\,\mathrm{V}$ となるときの G の値を求めよ．

(2 点)

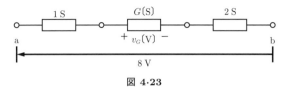

図 4·23

⑧ コンダクタンス G の電圧 v_G が $2\,\mathrm{V}$ となるときの G の値を求めよ．

(2 点)

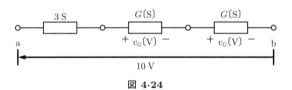

図 4·24

⑨ 端子 ab 間の合成コンダクタンスと，全電流を i としたときの各コンダクタンスに流れる電流 i_k $(k=1,2,3)$ を求めよ． (4 点 = 1 点 × 4)

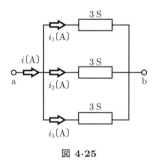

図 4·25

☑ ⑩ 端子 ab 間の合成コンダクタンスと，全電流を i としたときの各コンダクタンスに流れる電流 i_k $(k=1,2,3)$ を求めよ． (4 点 = 1 点 × 4)

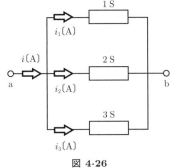

図 4·26

☑ ⑪ 端子 ab 間の合成抵抗と，全電流を i としたときの各抵抗に流れる電流 i_k $(k=1,2,3)$ を求めよ． (4 点 = 1 点 × 4)

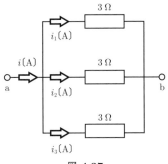

図 4·27

⑫ 端子 ab 間の合成抵抗と，全電流を i としたときの各抵抗に流れる電流 i_k $(k=1,2,3)$ を求めよ． (4 点 = 1 点 × 4)

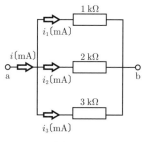

図 4·28

⑬ コンダクタンス G に流れる電流 i_G が 2 A となるときの G の値を求めよ． (2 点)

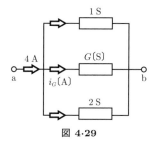

図 4·29

⑭ コンダクタンス G に流れる電流 i_G が 2 A となるときの G の値を求めよ． (2 点)

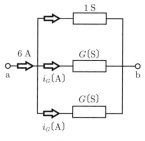

図 4·30

⑮ 抵抗 R に流れる電流 i_R が 2 A となるときの R の値を求めよ．(2点)

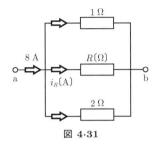

図 4·31

⑯ 抵抗 R に流れる電流 i_R が 2 A となるときの R の値を求めよ．(2点)

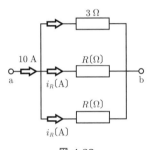

図 4·32

⑰ 端子 ab 間の合成抵抗を求めよ． (2点)

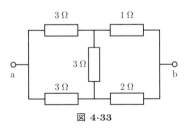

図 4·33

☑ ⑱ 端子 ab 間の合成抵抗を求めよ. (2 点)

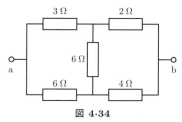

図 4·34

☑ ⑲ 端子 ab 間の合成抵抗，各抵抗に流れる電流 i_k $(k = 1, 2, 3)$，各抵抗にかかる電圧 v_k $(k = 1, 2, 3)$ を求めよ. (7 点 = 1 点 × 7)

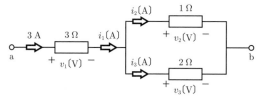

図 4·35

☑ ⑳ 端子 ab 間の合成抵抗，各抵抗に流れる電流 i_k $(k = 1, 2, 3)$，各抵抗にかかる電圧 v_k $(k = 1, 2, 3)$ を求めよ. (7 点 = 1 点 × 7)

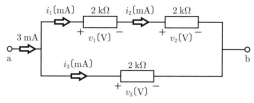

図 4·36

㉑ 端子 ab 間の合成抵抗，各抵抗に流れる電流 i_k $(k=1,2,\cdots,5)$，各抵抗にかかる電圧 v_k $(k=1,2,\cdots,5)$ を求めよ． (11点 = 1点 × 11)

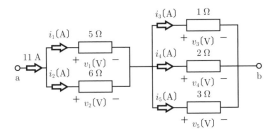

図 4·37

㉒ 端子 ab 間の合成抵抗，各抵抗に流れる電流 i_k $(k=1,2,\cdots,4)$，各抵抗にかかる電圧 v_k $(k=1,2,\cdots,4)$ を求めよ． (9点 = 1点 × 9)

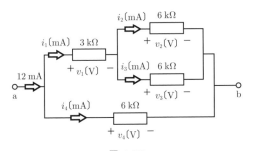

図 4·38

㉓ 端子 ab 間の合成抵抗，各抵抗に流れる電流 i_k $(k=1,2,\cdots,5)$，各抵抗にかかる電圧 v_k $(k=1,2,\cdots,5)$ を求めよ． (10点 = 1点 × 10)

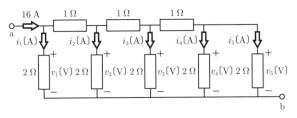

図 4·39

5章 エネルギーの供給源
―電源―

　この章では，電気エネルギーの供給源である電源についてみていきます．1・3節で述べたように，電源は直流電源と交流電源に分類され，また電圧源と電流源の二つがあります．それぞれの回路図記号を図1に示します．

　電圧源と電流源は，次のように定義されます．
- 電圧源：接続されるものに影響されず一定の電圧を発生（電池，発電機など）
- 電流源：実際には簡単には実現できないが，等価回路（モデル）などで利用

直流（DC）とは時間的に変化しない，一定の電圧，一定の電流の電気量の流れです．一方，交流（AC）は，電圧・電流の向きと大きさが時間的に変化し，一般に正弦波で表されます．図2に直流電圧と交流電圧の波形を示します．

　本章では，直流の電圧源と電流源の仕組みについて説明します．

図1 ●電源の記号[*1]

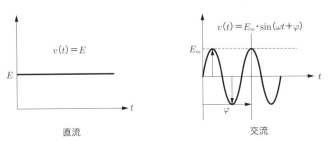

図2 ●直流と交流の違い

*1　電流源は，交流でも直流でも同じ記号を用います．

エネルギーの供給源 ― 電源 ―

5・1 電圧源

主な直流電圧源には電池を挙げることができ，一定の電圧源として扱ってきました．しかし，これは理想的な電源としての取扱いであり，実際には流れる電流が大きくなると電圧が低下します．この原因として，実際の電池には内部抵抗があることが挙げられます．図 5・1 に電池を例にした，実際の電圧源を示します．流れる電流に関係なく一定の起電力を出力する理想電圧源 E に，抵抗 R_e が直列に接続されています．

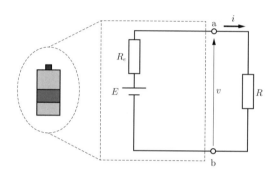

図 5・1 ●内部抵抗をもつ実際の電圧源

ここで，R_e を内部抵抗（内部インピーダンス）と呼びます．このような実際の電源電圧にさらに抵抗 R が直列で接続されたとき，R を流れる電流は

$$i = \frac{E}{R_e + R} \tag{5・1}$$

と表されます．電源の出力電圧 $v(= Ri)$ は，内部抵抗 R_e における電圧降下から

$$v = E - R_e i \tag{5・2}$$

となります．抵抗 R が小さい場合は電流 i が大きくなるので，出力電圧の v は小さくなります．すなわち，出力電圧が 0 ということは，理想電圧を取り除いて短絡（ショート）することを意味し，短絡除去と呼ばれます．

例題 5.1

内部抵抗 $R_e = 10^8\,\Omega$ の電圧源 $E = 10^6\,\mathrm{V}$ に，$0\,\Omega$ と $100\,\Omega$ の抵抗 R をそれぞれ接続したときの電流 i を求めよ．

■答え

$$i = \frac{E}{R_e + R} = \frac{10^6}{10^8 + R}$$

よって，$R = 0\,\Omega$ の場合は $i = 0.01\,\mathrm{A}$，$R = 100\,\Omega$ の場合は $i \approx 0.099\,\mathrm{A}$ となる．

5.2 電流源

常に一定の電圧を発生する理想電圧源に対して，常に一定の電流が流れる電源を理想電流源と呼びます．図1の図記号でも示したように，電流源の矢印は電流の流れる向きを表します．例題 5.1 で解いた電流 i は，抵抗 R の値を変えた場合にもほとんど一定の出力電流 $0.01\,\mathrm{A}$ が得られました．このことから考えると電流源とは，外部に接続される抵抗に対して非常に大きい内部抵抗をもつ電圧源であるといえます（例題 5.1 では $R_e \gg R$ でした）．電圧源と同様に，理想電流源に抵抗 R を接続した回路を図 5.2 に示します．

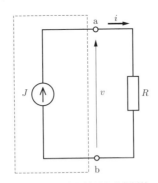

図 5.2 ●理想電流源と外部抵抗

理想電流源の出力電圧 v はオームの法則より $v = Ri$ であり，抵抗 R が無限大の場合には出力電圧 v も無限大となってしまいます．また，抵抗 R が無限大であ

るなら，抵抗 R を外して a–b 間を開放（オープン）した場合と同じになります．しかし，何も接続されていない場合に電流が流れることは，実際には起こりえない状況となります．このことから**理想電流源は実際に存在しない電源**といえます．

　実際の電圧源は，図 5·1 に示したように，内部抵抗が直列で接続されていました．そこで，同様に実際の電流源でも理想電流源に内部抵抗が接続されていると考えることができます．ただし，実際の電流源では，図 5·3 に示すように，内部抵抗は並列に接続されています．したがって，a–b 間を開放した場合でも理想電流源 J_0 から内部抵抗 R_i に電流が流れることになります．

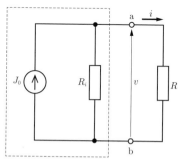

図 5·3 ●内部抵抗をもつ実際の電流源

例題 5.2

　図 5·3 のような回路で内部抵抗 $R_i = 10\,\Omega$ としたとき，端子 a–b 間に抵抗 $R = 2\,\Omega$ を接続したところ，a–b 間で $6\,\mathrm{V}$ の電圧が生じた．理想電流源 J_0 の電流を求めよ．

■答え

　まず，内部抵抗 R_i と a–b 間の R は並列接続された抵抗なので，合成抵抗を R_0 とすると

$$R_0 = \cfrac{1}{\cfrac{1}{R_i} + \cfrac{1}{R}} = \frac{R_i \cdot R}{R_i + R}$$

となる．オームの法則から a–b 間の出力電圧 v は

$$v = R_0 J_0 = \frac{R_i \cdot R}{R_i + R} J_0$$

が得られる．電流 J_0 について求めると

$$J_0 = \frac{R_i + R}{R_i R} v = \frac{10+2}{10 \times 2} \cdot 6 = \frac{18}{5} \text{ A}$$

5・3　電源の変換

　内部抵抗をもつ電圧源は，同じく内部抵抗をもつ電流源に変換することができます．これを**電圧源と電流源の等価変換**といいます．図 5・1（理想電圧源 E と直列で接続される内部抵抗 R_e）の回路と図 5・3（理想電流源 J_0 と並列で接続される内部抵抗 R_i）の回路は，外部抵抗 R に流れる電流 i が R の値にかかわらず同じであるならば，この電流源と電圧源は同じ電源であると考えることができます．電流 i が同じであれば，次式のように表せます．

$$i = \frac{E}{R_e + R} = \frac{R_i \cdot J_0}{R_i + R} \tag{5・3}$$

　よって，分子どうし，分母どうしが等しく，$R_e = R_i$，$E = R_i \times J_0$ という条件が成り立ちます．このことから，図 **5・4** に示すように，理想電圧源に直列で接続された抵抗を含む a–b 間の端子を短絡した回路と，理想電流源に並列で接続された同じ抵抗値の抵抗を含む（内部抵抗は，$R_e = R_i$ の条件を満たす）a–b 間の端子が開放された回路は，相互に変換することが可能となります．

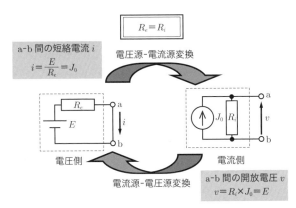

図 **5・4** ●電圧源と電流源の変換

例題 5.3

図 5・5 (1) に示すような理想電圧源 1.5 V，内部抵抗 3 Ω の電圧源がある．この回路を等価となる電流源（図 5・5 (2)）に変換し，電流源の理想電流源 J_0 と内部抵抗 R_i を求めよ．

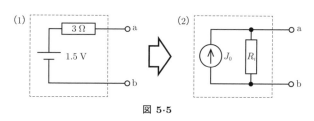

図 5・5

■答え

内部抵抗は等しいことから

$$R_i = R_e = 3\,\Omega$$

理想電流源 J_0 は

$$J_0 = \frac{1.5}{3} = 0.5\,\mathrm{A}$$

例題 5.4

図 5・6 に示す回路を，電源の等価変換を用いて，電圧源と抵抗が一つずつ直列接続された等価回路に変換せよ．また，その回路の電圧と抵抗の値を求めよ．

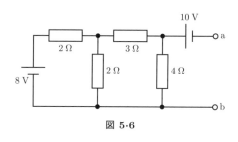

図 5・6

■答え

最初に,電源と抵抗の直列に着目し,**図 5.7** の左図のように電流源へ変換を行う.ここで,左側の電源に直列で接続されている抵抗を内部抵抗 $2\,\Omega$ とし,電流源への変換は,$8\,\text{V}/2\,\Omega = 4\,\text{A}$ となる.変換され電流源に並列に接続された内部抵抗 $2\,\Omega$ は,既存の抵抗と並列となり,合成抵抗 $1\,\Omega$ が求められる.

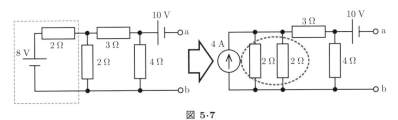

図 5.7

次に,電流源に変換された内部抵抗を $1\,\Omega$ とし,**図 5.8** のように電圧源への変換を行う.電圧源への変換は,$4\,\text{A} \times 1\,\Omega = 4\,\text{V}$ となる.電圧源に変換された内部抵抗 $1\,\Omega$ は,既存の抵抗と直列となり,合成抵抗が求められる.

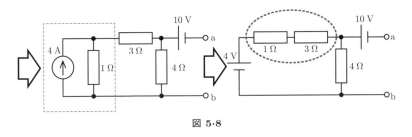

図 5.8

合成抵抗は $4\,\Omega$ となり,電圧源 $4\,\text{V}$ と直列に接続されているため,**図 5.9** に示すように電流源へ変換ができる.左側の電圧源に直列で接続されている抵抗 $4\,\Omega$ を内部抵抗とした電流源への変換は,$4\,\text{V}/4\,\Omega = 1\,\text{A}$ となる.電流源に変換され内部抵抗 $4\,\Omega$ は,既存の抵抗と並列となるため,合成抵抗が求められる.

図 5.10 の左図では,合成抵抗が $2\,\Omega$ となり,電流源 $1\,\text{A}$ と並列に接続されているため,図 5.10 の中央図に示すように電圧源へ変換ができる.左図の電流源に並列で接続されている抵抗 $2\,\Omega$ を内部抵抗とした電圧源への変換は,$1\,\text{V} \times 2\,\Omega = 2\,\text{V}$ となる.

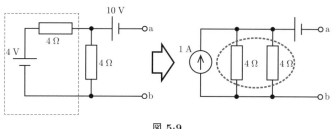

図 5·9

最後に中央図では,電圧源が二つと抵抗 $2\,\Omega$ が残り,電圧源の合成を行う.$2\,\mathrm{V}$ の電圧源と $10\,\mathrm{V}$ の電圧源の合成は,それぞれ電圧の向き(電位の向き)が異なるので,電位の方向に注意する必要がある.合成電源は,$10\,\mathrm{V} - 2\,\mathrm{V} = 8\,\mathrm{V}$ により,一つの電圧源として求められる.すなわち電圧源の向きは,右図のように下向きとなり,$-8\,\mathrm{V}$ と表される.

以上の解法から,複雑な回路から簡易な等価回路へ変換が行われ,電圧源は $-8\,\mathrm{V}$,直列に接続された抵抗は $2\,\Omega$ が求められる.

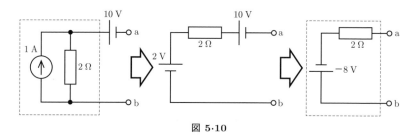

図 5·10

例題 5.5

図 5·11 の回路図において a–b 端子に外部抵抗 R_L を接続する.R_L で消費する電力 P が最大となるときの R_L を流れる電流 i と電力 P を求めよ.

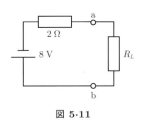

図 5·11

■答え

まず，R_L で消費する電力 P を求める．R_L に流れる電流 i は

$$i = \frac{8}{R_L + 2}$$

なので，R_L で消費する電力は

$$P = R_L i^2 = R_L \frac{8^2}{(R_L + 2)^2}$$

となる．ここで上式を書き換えて，R_L の値がいくつのときに P が最大になるか調べる．

$$P = \frac{64 R_L}{4 + R_L{}^2 + 4 R_L} = \frac{64 R_L}{4 - 4 R_L + R_L{}^2 + 8 R_L} = \frac{64 R_L}{(2 - R_L)^2 + 8 R_L}$$

分母と分子を R_L で割ると

$$P = \frac{64}{\dfrac{(2 - R_L)^2}{R_L} + 8}$$

ここで，P が最大になるには，分母の $(2 - R_L)^2 / R_L$ が最小になればよい．すなわち，$2 - R_L = 0$ のときに P の最大値が得られる．$R_L = 2\,\Omega$ であるので，R_L に流れる電流 i は

$$i = \frac{8}{R_L + 2}$$

より

$$i = 2\,\text{A}, \quad P = R_L \cdot i^2 = 8\,\text{W}$$

となり，最大電力と電流が求められる．

5·4 電圧源を含む回路に対する節点方程式

3章では，閉路方程式と節点方程式の立て方と解き方を学びました．電圧源を含む回路に対する節点方程式の解法として，電圧源の片側を新たな節点として，電圧を設定して解く方法を示しました．ここでは，もう一つの解法として，電圧源を電流源に変換して解く方法を示します．もう一度，3章の例題3.4をもとに，節点方程式の立て方を説明します．

例題 5.6

次に示す図 5·12 の回路について，節点方程式を示し，節点 a，b の電圧を求めよ．

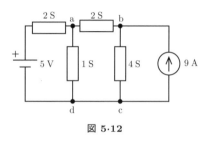

図 5·12

■答え

〈手順1〉電圧源の電流源への変換

5章で学んだとおり，電圧源を電流源に変換する．すなわち，電圧源と直列抵抗（コンダクタンス）を電流源と並列抵抗（コンダクタンス）に変換する．図5·12の回路に対して，手順1の変換を行うと，図5·13のとおりとなる．すなわち，5Vの電圧源と直列する2Sのコンダクタンスは，10Aの電流源と並列する2Sのコンダクタンスに変換できる．

〈手順2〉並列コンダクタンスの合成

手順1で変換されたコンダクタンスと並列接続しているコンダクタンスをまとめて，合成コンダクタンスとする．

図5·13の回路に対して，手順2の合成を行うと，図5·14のとおりとなる．すなわち，2Sのコンダクタンスと節点 a–d 間につながる1Sのコンダクタンスを

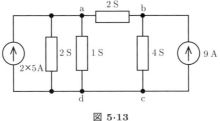

図 5·13

まとめて，一つのコンダクタンスにする．二つのコンダクタンスの並列接続なので，それぞれのコンダクタンス値を足した値が，合成コンダクタンスになる．

この後は，3章の例題 3.3 に示した，基本的な回路に対する節点方程式の手順 1 から手順 3 に従って解けば

$$v_a = 3\,\mathrm{V}, \quad v_b = \frac{5}{2}\,\mathrm{V}$$

となり，節点 a と節点 b の電圧が求められる．

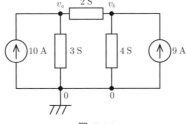

図 5·14

練習問題

正解したらチェック！

① 図 5·15 に示す回路の電圧源を電流源に変換せよ． (10 点)

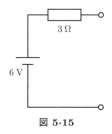

図 5·15

② 図 5·16 に示す回路の電流源を電圧源に変換せよ． (10 点)

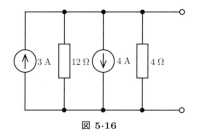

図 5·16

③ 図 5·17 に示す回路を内部抵抗と R からなる等価回路に変換し，抵抗 R に流れる電流を求めよ．ただし $R = 3\,\Omega$ とする． (15 点)

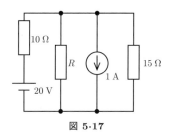

図 5·17

④ 図 **5·18** に示す回路において，R に流れる電流を求めよ．ただし $R = 2\,\Omega$ とする． (15 点)

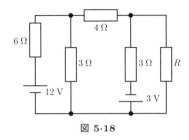

図 5·18

⑤ 図 **5·19** に示す回路において，R で消費する電力が最大となるときの R と，その電力を求めよ． (20 点)

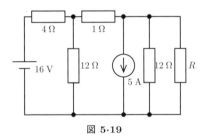

図 5·19

⑥ 図 **5·20** (1) の回路と，図 5·20 (2) の回路のそれぞれにおいて，R で消費する電力が最大となるときの R とその電力を求めよ． (30 点)

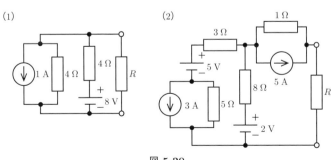

図 5·20

6章 複雑な回路を解くテクニック
―回路の諸定理―

この章では，線形回路において，複雑な回路の電圧や電流を簡単に求めることができる三つのテクニックをみていきましょう．
- 回路の対称性を用いた「ブリッジの平衡条件」
- 複数の電源をもつ回路の解法に適した「重ねの理」
- 複雑な回路で，ある素子の電流を求めるのに適した「テブナンの定理」

6·1　回路の対称性と等電位

複雑な回路の電圧や電流を求めるのに，回路の対称性を用いれば，△-Y（デルタ・スター）変換や回路方程式などの計算力を要する解法を用いなくても簡単に求めることができます．ただし，この解法が利用できるのはある条件を満たす場合のみとなります．

たとえば，図 6·1 に示すように，2 素子の抵抗 R_1, R_3 と R_2, R_4 をそれぞれ直列に接続し，この直列に接続した抵抗をさらに並列に接続します．この直列に接続されている接点 a–b 間に検流計 G を橋渡しのように接続します．この回路を

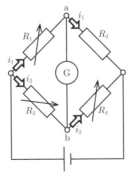

図 6·1 ●ブリッジ回路

ホイートストンブリッジ回路と呼び，一般的には抵抗値の測定に利用されています．本節では，このホイートストンブリッジ回路を用いて，回路の対称性と等電位について学びます．

可変抵抗の R_1, R_2 および R_4 を調整して検流計 G の針が示す値を 0 にするためには，a–b 間で電位差が 0 となるようにすれば，検流計に電流は流れなくなります．このようにブリッジ回路において電位差が 0 となることを，ブリッジの平衡条件と呼びます．

検流計に電流が流れないならば，KCL に従って，R_1 に流れる電流 i_1 は，そのまま R_3 にも流れることになり，同様に R_2 に流れる電流 i_2 は，R_4 に流れます．また，a–b 間が等電位であるとして KVL に従って，方程式を立てると

$$\begin{aligned} R_1 i_1 - R_2 i_2 = 0 \\ R_3 i_1 - R_4 i_2 = 0 \end{aligned} \tag{6·1}$$

が成り立ち，次のように整理されます．

$$\begin{aligned} R_1 i_1 = R_2 i_2 \\ R_3 i_1 = R_4 i_2 \end{aligned} \tag{6·2}$$

すなわち

$$\frac{R_1}{R_3} = \frac{R_2}{R_4} \tag{6·3}$$

もしくは，$R_1 R_4 = R_2 R_3$ となります．

これはブリッジの平衡条件を示す式であり，次の式のように変形すれば，R_3 の抵抗値が不明の場合でも R_1, R_2, R_4 の抵抗値が既知であることにより，抵抗値を求めることができます．

$$R_3 = \frac{R_1}{R_2} \cdot R_4 \tag{6·4}$$

例題 6.1

図 6·2 の回路において，次の問いに答えよ．

(1) スイッチを開いた状態で可変抵抗 R が $1\,\Omega$ のとき，電極 a と b の電位を求めよ．また a–b 間の電位差も求めよ．

(2) スイッチを閉じ，電流計が 0 を示すとき，可変抵抗 R の値を求めよ．

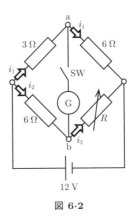

図 6·2

■答え

(1) まず，i_1 に流れる電流を求める．

$$i_1 = \frac{12}{3+6} = \frac{4}{3}\,\mathrm{A}$$

a 点での電位は，$R \times i_1$ [V] だけ電位が上がるため，V_a の電位は

$$V_a = 6 \times i_1 = 6 \times \frac{4}{3} = 8\,\mathrm{V}$$

一方，b 点で流れる電流 i_2 は，$R = 1\,\Omega$ なので

$$i_2 = \frac{12}{6+1} = \frac{12}{7}\,\mathrm{A}$$

よって，b 点での電位 V_b は

$$V_b = R \times i_2 = 1 \times \frac{12}{7} = \frac{12}{7}\,\mathrm{V}$$

a–b 間の電位差 V_{ab} は

$$V_{ab} = V_a - V_b = 8 - \frac{12}{7} = \frac{44}{7} \text{ V}$$

(2) ブリッジの平衡条件より

$$R = \frac{6}{3} \times 6 = 12\,\Omega$$

6・2 重ねの理

図 6・3 に示すような二つ以上の起電力を含む回路では，電圧，電流，抵抗などの値を求めるためにさまざまな解法がありますが，ここでは「重ねの理」（重ね合わせの理）の解法について学ぶこととします．

キルヒホッフによる閉路方程式や接点方程式では，連立方程式などを用いて解を導出していました．しかし，「重ねの理」はオームの法則の直列，並列の計算で求めることができるため，簡易に解くことができる特徴をもちます．「重ねの理」を用いて回路計算を解くには，次のような条件があります．

"複数の電源を含む線形回路において，各電源を個別に含む回路の電圧，電流を求めた場合，その得られた結果を加え合わせた値は元の回路の電圧，電流に等しい"

すなわち，「重ねの理」の解法条件として
- 考慮しない電圧源は短絡（電圧：0）
- 電流源は開放（電流：0）

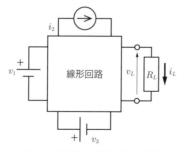

図 6・3 ●複数の電源をもつ回路

によって，一つの電源以外を除去し，その電流あるいは電圧を求めます．次に，それぞれ一つの電源で構成された結果の値の和から元の回路の電圧，電流を求めることができます．

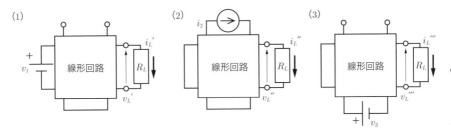

図 6·4 ●電流源，電圧源を外した回路

図 6·3 の回路で具体的に説明します．この回路は，電圧源が 2 個，電流源が 1 個，負荷抵抗 R_L が 1 個接続された線形回路とします．まず「重ねの理」の解法条件から，図 6·4 (1) のように v_1 の電圧源のみを残し，電流源 i_2 は開放，電圧源 v_3 は短絡します．この回路で求められた R_L での電圧を v_L'，電流を i_L' とします．次に，図 6·4 (2) のように i_2 の電流源のみを残し，電圧源 v_1 と v_3 は短絡します．この回路で求められた R_L での電圧を v_L''，電流を i_L'' とし，最後に，図 6·4 (3) のように電源を v_3 の電圧源のみを残して，電圧源 v_1 は短絡，電流源 i_2 は開放します．同様に，この回路で求められた R_L での電圧を v_L'''，電流を i_L''' とします．以上から求められた R_L の各電流 i_L'，i_L''，i_L''' を用いて次のように和を求めることにより，図 6·3 の回路における，R_L に流れる電流と電圧が得られます．

$$i_L = i_L' + i_L'' + i_L''' \tag{6·5}$$

$$v_L = R_L \cdot i_L = R_L(i_L' + i_L'' + i_L''')$$
$$= v_L' + v_L'' + v_L''' \tag{6·6}$$

例題 6.2

図 6·5 は電圧源と電流源が含まれる回路である．「重ねの理」を用いて，電圧源のみとした回路，電流源のみとした回路をそれぞれ図示せよ．また R_2 の電圧 v と R_1 の電流 i を求めよ．

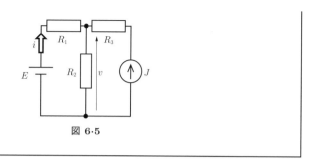

図 6·5

■答え

電流源は開放し，電圧源は短絡した回路を図 6·6 に示す．

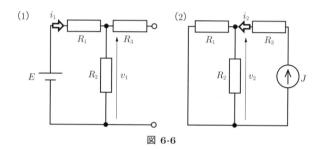

図 6·6

図 6·6 (1) の R_2 に生じる電圧を v_1，R_1 に流れる電流を i_1 とし，図 6·6 (2) の R_2 に生じる電圧を v_2，R_1 に流れる電流を i_2 とする．また，i_2 は電流源 J によって流れる方向が決まり，i とは逆向きに流れる．これにより，R_2 の電圧 v と R_1 の電流 i を求めると

$$v = v_1 - v_2$$

$$i = i_1 - i_2$$

例題 6.3

図 6·7 の回路において抵抗 R の値を $4\,\Omega$ としたとき，この抵抗に流れる電流と抵抗 R の電圧を「重ねの理」を用いて求めよ．

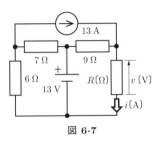

図 6·7

■答え

図 6·8 に，電流源を開放した場合 (1) と，電圧源を短絡した場合 (2) の回路図を示す．

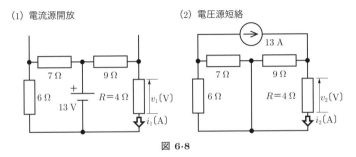

図 6·8

(1) の回路から，R における電圧 v_1 と電流 i_1 を求めると

$$v_1 = \frac{4}{4+9} \times 13 = 4\,\text{V}$$

$$i_1 = \frac{4}{4} = 1\,\text{A}$$

(2) の回路から，R における電圧 v_2 と電流 i_2 を求めると

$$i_2 = \frac{9}{4+9} \times 13 = 9\,\text{A}$$

$$v_2 = 9 \times 4 = 36\,\text{V}$$

それぞれの和を求めると電圧 v，電流 i は

$$v = v_1 + v_2 = 40\,\text{V}$$

$$i = i_1 + i_2 = 10\,\text{A}$$

6·3　テブナンの定理と整合条件

ある回路の開放電圧 v_0，開放端からみた内部抵抗 R_0 として負荷抵抗 R_L をつないだときに流れる電流 i は，以下のように表すことができます．

$$i = \frac{v_0}{R_0 + R_L} \tag{6·7}$$

図 **6·9** (1) に示す，1 ないし複数の電源を含んだ回路において，端子 a–b 間の開放電圧は v_0 であり，矢印の方向の端子 a–b 間からみた内部抵抗は，R_0 とします．ここで端子 a–b 間に負荷抵抗の R_L を接続したときに流れる電流が式 (6·7) となります．これをテブナンの定理[*1]と呼び，図 6·9 (2) のような電圧源 v_0 と内部抵抗 R_0 が直列に接続された等価回路に変換することができます．

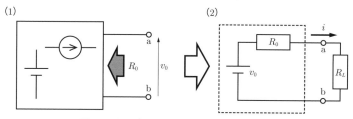

図 **6·9** ●テブナンの定理による等価回路変換

図 6·9 (2) の回路は，5 章の 5·3 節，電源の変換ですでに学びましたが，この変換方法が一般的にテブナンの定理となります．

次に，このテブナンの定理の解法を説明します．図 **6·10** のように複数の電源と負荷抵抗 R_L が接続された回路をテブナンの定理を用いて単一電源の簡易的な回路に変換します．この回路では，電源が v_1，i_2，v_3 の三つとし，負荷抵抗 R_L は端子 a–b 間に接続されているものとします．

まず，図 6·10 の回路から，端子 a–b 間の電圧 v_0 と，端子 a–b 間からみた抵抗 R_0 を求めるために回路を変形します．図 6·9 の v_0 を求めるためには，図 **6·11** (1) の回路のように，負荷抵抗 R_L を取り外し，端子 a–b 間の開放電圧を求めます．また，

[*1] Thevenin's theorem，1883 年にフランスの技術者 Léon Charles Thévenin によって発表されたため，テブナンの定理と呼ばれます．1922 年に東京帝国大学工学部の鳳秀太郎教授によって交流電源でも成り立つことが発表されています．このため，「鳳-テブナンの定理」とも呼ばれています．

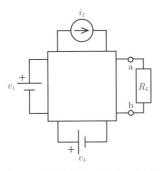

図 6·10 ●複数の電源をもつ回路変換

同じく図 6·9 の R_0 を求めるには，図 6·11 (2) の回路のように電圧源は短絡，電流源は開放とし，矢印の方向に見た（すなわち端子 a–b 間）内部抵抗値を計算します．

Point テブナンの定理を用いた回路変形のポイント

1. 負荷抵抗のインピーダンスを外し，開放電圧 v_0 を求める．

2. 電圧源：短絡（電圧：0），電流源：開放（電流：0）とし，端子 a–b 間の内部抵抗 R_0 を求める．

以上により求められた，v_0 と R_0 は，負荷抵抗 R_L をつないだ図 6·9 (2) の等価回路に変形することができ，また式 (6·1) によって，負荷抵抗 R_L を流れる電流 i を求めることができます．

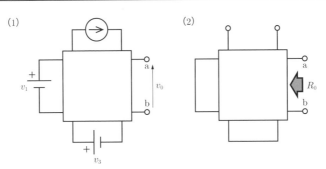

図 6·11 ●テブナンの定理による回路変形

テブナンの定理を用いれば，負荷抵抗 R_L の値を最適に選ぶことによって，このような電源回路で最大の電力を得ることができます．一般的な電気機器などにおいては，電源によって発生したエネルギーが，出力側の素子，あるいは回路において最大限に供給されることが望ましいです．このような場合に，電源回路の入力によって出力側の負荷抵抗で消費される電力 P_m を最大にする条件を，**整合条件（マッチング）** と呼び，図 6·12 のようなテブナンの定理で求めた内部抵抗 R_0 と外部に接続した負荷抵抗 R_L から，次式のように表すことができます．

$$R_L = R_0$$

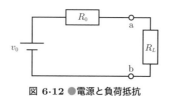

図 6·12 ●電源と負荷抵抗

すなわち内部抵抗と負荷抵抗は，等しい値を選ぶことによって最大電力 P_m が得られ，電源側に負荷が整合しているということになります．

例題 6.4

図 6·13 に示すように負荷抵抗 R_L を接続した場合の a–b 間の電圧 v_L をテブナンの定理を用いて求めよ．また最大電力が得られる R_L の値と最大電力 P_m を求めよ．

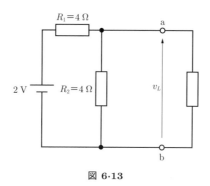

図 6·13

■答え

R_L を外した開放電圧 v_0 は

$$v_0 = 2\,\text{V} \times \frac{R_2}{R_1 + R_2} = 2\,\text{V} \times \frac{4\,\Omega}{4\,\Omega + 4\,\Omega} = 1\,\text{V}$$

R_L を外し，電圧源を短絡した a–b 間の R_0 は

$$R_0 = \frac{R_1 R_2}{R_1 + R_2} = \frac{4\,\Omega \times 4\,\Omega}{4\,\Omega + 4\,\Omega} = 2\,\Omega$$

テブナンの定理の等価回路は図 6·14 となり，v_L は次のように求められる．

$$v_L = 1\,\text{V} \times \frac{R_L}{R_0 + R_L} = 1\,\text{V} \times \frac{R_L}{2\,\Omega + R_L}$$

また，R_L が最大電力になる整合条件は

$$R_L = R_0 = 2\,\Omega$$

となる．R_L に流れる電流 i_L を求めると

$$i_L = \frac{v_L}{R_L} = \frac{1}{4}\,\text{A}$$

R_L で生じる最大電力 P_m は

$$P_m = R_L i_L{}^2 = 2 \times \left(\frac{1}{4}\right)^2 = \frac{1}{8}\,\text{W}$$

と求められる．

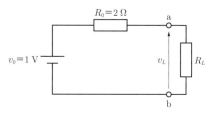

図 6·14 ●等価回路

Point

　本節で求めた例題の回路は，テブナンの定理を用いず，単純な直列と並列の合成抵抗として求めた方が簡単に解答を導くことができます．

　例題では，テブナンの定理の解法を理解するために，あえてテブナンによる解法を用いました．しかし，最も解答を導きやすい最適な解法を選択することが重要となります．すなわち，本章で解説した「ブリッジ回路の平衡条件」「重ねの理」「テブナンの定理」あるいは電圧-電流源変換などから最も解法が簡単なものを選択することが求められます．

正解したら
チェック！

☑ ① **図6·15**の回路において，a–b端子間の合成抵抗値 R を求めよ．(10点)

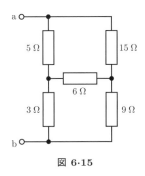

図 **6·15**

☑ ② **図6·16**に示す回路において可変抵抗器 R_x を変化させると検流計 G の目盛がふれないときがあった．このときの可変抵抗器 R_x の値を求めよ．

(10点)

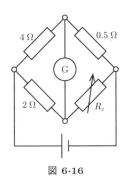

図 **6·16**

③ 図 6·17，図 6·18 の回路において，a–b 端子間の合成抵抗値 R を求めよ．

(20 点 = 10 点 × 2)

(1)   (2)

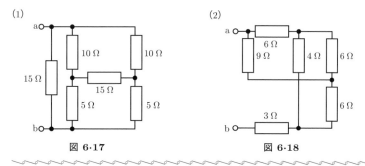

図 6·17   図 6·18

④ 図 6·19 に示す回路において電流 I を重ねの理を用いて求めよ．(10 点)

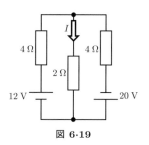

図 6·19

⑤ 図 6·20 に示す回路において $R = 4\,\Omega$ のとき R を流れる電流を求めよ．

(10 点)

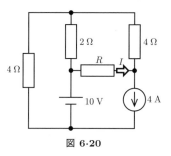

図 6·20

⑥ 図 6·21 に示す回路においてスイッチ S の開閉を行ったが電流計は 1 A のままであった．このときの R_1, R_2 の抵抗値を求めよ．

(10 点)

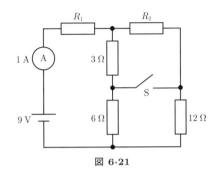

図 6·21

⑦ 図 6·22 の回路において，a–b 間を流れる電流をテブナンの定理を用いて求めよ．

(10 点)

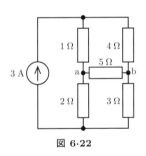

図 6·22

⑧ 図 6·23 の回路において，抵抗 R の消費電力が最大となる値とそのときの消費電力を求めよ． (20 点 = 10 点 × 2)

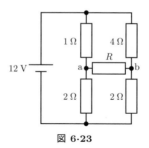

図 6·23

7章 時間とともに変化する電流
―交流電流・交流電圧―

これまでは，直流について学んできましたが，本章では家庭用コンセントなどから供給され，日常生活で家電製品などを動作させるために利用している交流についてみていきましょう．直流とは，電圧と電流が時間とともに変化しないものであり，たとえば電池などが直流となります．一方，交流とは，電圧，電流の大きさと方向が一定周期の時間で変化する特徴があります．ここでは，この交流の基本的な性質について学びます．

7·1　周波数・振幅・波形

交流電流と交流電圧は，時間とともに大きさと向きが周期的に変化します．このような状態を表したものを波形といい，正弦曲線になっているものを正弦波交流と呼びます．図 7·1 の回路では，交流電圧源 e 〔V〕を負荷抵抗に加えたときに，交流電流の i が流れ，負荷抵抗には電圧 v が生じます．この図中の e, i, v は，矢印が正の向きを表しており，矢印の向きは時間経過で反対の向きの負の向きと正の向きが周期的に変化します．

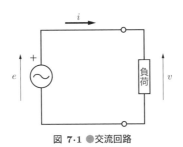

図 7·1 ●交流回路

電流もしくは電圧が時間とともに変化する正弦波交流の波形では，図 7·2 の電圧 e の波形の例のように，時間とともに正と負の振幅を繰り返します．振幅は，0

から始まり，正の最大から0を経由して負の最大となり，再度，0に戻ります．これを一つの波の単位を1周波と呼び，1周波に要する時間を1周期とします．この1周期をTの記号で表し，単位は秒（記号：s）となります．

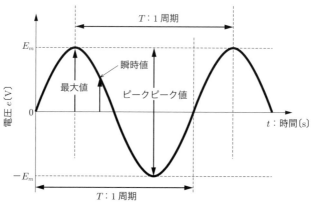

図 7·2 ●正弦波の交流電圧

また，単位時間にこの変化を繰り返す回数を周波数と呼び，記号f（Frequency）で表します．周波数fは単位をヘルツ（記号：Hz）とし，周期Tとは次のような関係になります．

$$f = \frac{1}{T} \,[\text{Hz}] \tag{7·1}$$

この式は，1秒間にT時間の1周波が何回あるかを表しており，すなわち，1秒間に振動する回数であることがわかります．

たとえば，周期$T = 0.02\,\text{s}$の周波数fは

$$f = \frac{1}{0.02} = 50\,\text{Hz} \tag{7·2}$$

周波数$f = 10^4\,\text{Hz}$の周期Tは

$$T = \frac{1}{10^4} = 0.1\,\text{ms} \tag{7·3}$$

と求められます．

> **Point 周期と周波数の定義**
> - 1周波に要する時間 ⇒ 周期 T 〔s〕
> - 単位時間に変化を繰り返す回数(1秒間に1周波が振動する回数)⇒ 周波数 f 〔Hz〕

7·2 瞬時値

図7·2の任意の時刻 t における値を瞬時値 $e(t)$ と呼び,瞬時値のうち絶対値が最も大きい振幅の E_m を最大値と呼びます.また最大と最小の振れ幅はピークピーク値となります.また,瞬時値 $e(t)$ は,正弦波の場合,次式のように表されます.

$$e(t) = E_m \sin \omega t \tag{7·4}$$

ω は,角速度であり,周波数 f との関係は次のようになります.

$$\omega = 2\pi f = \frac{2\pi}{T} \text{ [rad/s]} \tag{7·5}$$

角速度の単位は rad/s(ラジアン/秒)で,円運動の回転角が時間で変化する速度です.すなわち,ωt は,t 秒間で回転する角度ということになります.**図7·3** を用いて回転角と正弦波の関係を説明します.

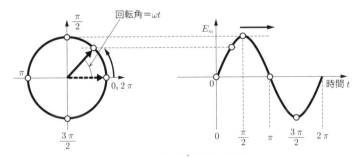

図 7·3 ●角速度と正弦波の関係

図7·3の左図に示す矢印は時計回りと反対に円運動しています.その動きに合わせて,経過した時間とともに軌跡をプロットします.このプロットした軌跡を連続した線でつなぐと,図7·3の右図の正弦波となることがわかります.ある時

間で,回転角が ωt であるとすると,正弦波上では,時間によって変化する sin 関数の瞬時値としてプロットされます.図 7·3 において,この正弦波は,横軸の時間が 0 から開始されていますが,1 周期のタイミングが 0 から始まらない場合は,図 7·4 のように正弦波は 0 からずれた波形を示します.式 (7·6) のように,sin 関数の中身 $(\omega t + \theta)$ は位相と呼ばれ,この位相は,0〜2π の間の値をとることになります.

$$e(t) = E_m \sin(\omega t + \theta) \tag{7·6}$$

ここで,θ は時刻 $t = 0$ のときの位相で,初期位相と呼ばれ,$E_m \sin \omega t$ と $E_m \sin(\omega t + \theta)$ との正弦波のタイミングのずれを表現するとき,この位相の差を**位相差**と呼びます.

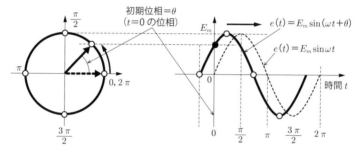

図 7·4 ●初期位相と正弦波形

図 7·4 の例の正弦波では,電圧について述べていますが,電圧が正弦波であるなら,電流も同じく正弦波として表すことができます.ただし,接続される素子が抵抗でなく,キャパシタ(コンデンサ)やインダクタ(コイル)である場合は,正弦波の 1 周期のタイミングは,電圧と異なり,$\pm\pi/2$ ずれます.すなわちこれが位相差であり,この現象については,8 章で詳しく説明します.

Point 角速度と正弦波(sin 波)の関係のまとめ

- 交流電圧,電流の瞬時値

    電圧:$e(t) = E_m \sin(\omega t + \theta)$

    電流:$i(t) = I_m \sin(\omega t + \varphi)$

- 周波数と角速度
(1秒間に振動する回数)

$$\begin{cases} \omega = 2\pi f = \dfrac{2\pi}{T} \text{ [rad/s]} \\ E_m : 振幅, 最大値 \text{ [V]} \\ f : 周波数 \text{ [Hz (/秒)]} \\ \omega : 角周波数 \text{ [rad/s (ラジアン/秒)]} \\ T : 周期 \text{ [s (秒)]} \\ \theta, \varphi : 初期位相 \end{cases}$$

例題 7.1

正弦波交流電圧の瞬時値が次式のように示されている．この瞬時値の最大値，角周波数，周波数，周期を求めよ．

$$e(t) = 100\sqrt{2} \sin 100\pi \cdot t$$

■答え

最大値 $= 100\sqrt{2} \fallingdotseq 141 \text{ V}$

角周波数 $= \omega = 2\pi f = 100\pi = 314 \text{ rad/s}$

周波数は $100\pi = 2\pi f$ より $f = 100\pi/2\pi = 50 \text{ Hz}$

周期は $T = 1/f = 1/50 = 0.02 \text{ s}$

7·3 平均値

直流の平均値は，電圧あるいは電流で表すと図 7·5 (1) のようになり，常に一定で，平均電圧 $E_{av} = E$ と表されます．一方，交流電圧あるいは交流電流は時間とともに変化するため，それに対応した平均値の求め方があります．平均値を求める前に，そもそも交流の平均値とは何か考えます．

正弦波交流の半周期を波形で描くと図 7·6 のように表せます．交流電圧の山形

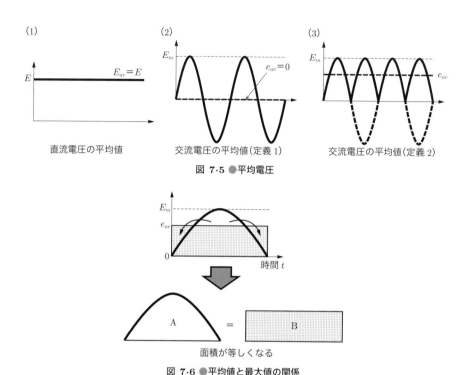

図 7·5 ●平均電圧

図 7·6 ●平均値と最大値の関係

　Aの面積と同じ大きさになる，長方形Bを書きます．この面積が同じで，時間軸の長さが同じ長方形Bの高さ e_{av} が交流電圧の平均値となります．表現を変えるならば，平均値 e_{av} は，山形Aをならして平たくした高さということになります．図中の例では，平均値の e_{av} よりも飛び出している部分が振り分けられているため，山形と長方形は同じ面積となります．このことから，交流の平均値の計算では面積を求めることが必要となるため，正弦波形の積分を行います．

　そこで，交流波形の平均値は，瞬時値を1周期に渡って平均した値を平均値とし，平均電圧 e_{av} を表すと次式のようになります．

【定義1】 直流成分のない交流は，平均値が0

$$e_{av} = \frac{1}{T}\int_0^T e(t)\,dt = \frac{1}{T}\int_0^T E_m \sin\omega t\,dt = 0 \tag{7·7}$$

　各瞬時値の1周期で平均をとると，図7·5(2)のように正と負の成分をもつ正弦波波形は，0Vとなってしまいます．そこで，別の考え方として，負の瞬時値を

正に置き換えて交流の大きさを表現します．図 7·5 (3) のように絶対値の平均をとることにより次式で求めることができます．

【定義 2】 交流の絶対値の平均値

$$e_{av} = \frac{1}{T}\int_0^T |e(t)|\,dt = \frac{1}{T}\int_0^T E_m|\sin\omega t|\,dt$$

$$= \frac{2E_m}{T}\int_0^{\frac{T}{2}} \sin\omega t\,dt = -\frac{2E_m}{T}\frac{1}{\omega}\bigl[\cos\omega t\bigr]_0^{\frac{T}{2}} \tag{7·8}$$

$\omega = 2\pi/T$ なので，代入すると

$$e_{av} = -\frac{E_m}{\pi}(-1-1) = \frac{2}{\pi}E_m \fallingdotseq 0.637 E_m \tag{7·9}$$

正弦波の交流電圧平均値は

$$e_{av} = \frac{2}{\pi}E_m \fallingdotseq 0.637 E_m \tag{7·10}$$

と表され，また交流電流は，電流の最大値を I_m とし，同じく絶対値の平均値 i_{av} を求めれば

$$i_{av} = \frac{2}{\pi}I_m \fallingdotseq 0.637 I_m \tag{7·11}$$

と求められます．

例題 7.2

図 7·7 に示す波形の平均値を求めよ．

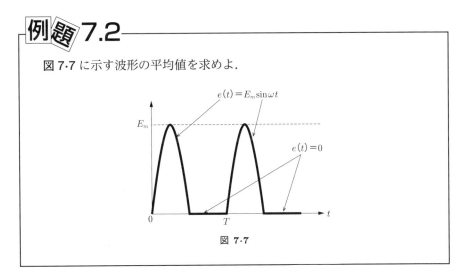

図 7·7

■答え

図 7·7 の平均値を求めるためには，正弦波の負の部分は 0 のため，半周期分の積分を求めればよい．

$$
\begin{aligned}
e_{av} &= \frac{1}{T}\int_0^T |e(t)|\,dt = \frac{1}{T}\int_0^{\frac{T}{2}} E_m \sin\omega t\,dt \\
&= \frac{E_m}{T}\int_0^{\frac{T}{2}} \sin\omega t\,dt = -\frac{E_m}{T}\frac{1}{\omega}\left[\cos\omega t\right]_0^{\frac{T}{2}} \\
e_{av} &= -\frac{E_m}{2\pi}(-1-1) = \frac{1}{\pi}E_m
\end{aligned}
$$

7·4 平均電力

抵抗 R [Ω] に正弦波電圧 $e(t) = E_m \sin\omega t$ [V] をかけると，電流 $i(t)$ は，オームの法則により次のように求められます．

$$
i(t) = \frac{e(t)}{R} = \frac{E_m \sin\omega t}{R} \tag{7·12}
$$

そこで，抵抗 R で消費される瞬時電力 $p(t)$ は，電流の二乗 × 抵抗なので，次のように示すことができます．

$$
p(t) = i(t)^2 R = \frac{E_m{}^2 \sin^2 \omega t}{R} = \frac{E_m{}^2 (1 - \cos 2\omega t)}{2R} \tag{7·13}
$$

ただし，$2\sin^2 x = 1 - \cos 2x$

これを，1 周期にわたって平均したものが，平均電力 P_{av} となります．そこで P_{av} は，次のように求められます．

$$
\begin{aligned}
P_{av} &= \frac{1}{T}\int_0^T p(t)\,dt = \frac{E_m{}^2}{2RT}\int_0^T (1 - \cos 2\omega t)\,dt \\
&= \frac{E_m{}^2}{2RT}\int_0^{\frac{T}{2}} dt = \frac{E_m{}^2}{2RT}[t]_0^T = \frac{E_m{}^2}{2R}
\end{aligned}
\tag{7·14}
$$

($\cos 2\omega t$ は，周期関数なので，0〜T で積分すると 0)

7·5 実効値

実効値は，交流の大きさをそれと等しい直流の大きさに置き換えたものとなります．すなわち，交流電圧を抵抗にかけたときに消費される電力と，同じ電力を消費する直流電圧は何 V かということが実効値となります（図 7·8）．

たとえば，家庭の電源は AC 100 V の実効値で表示されています．ここで，直流でも動作する 500 W の電熱器を家庭のコンセント AC 100 V に接続したときと，DC 100 V の電源につないだときでは，同じ 500 W の電力を消費します．

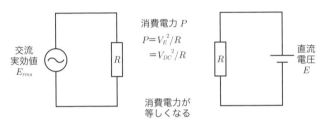

図 7·8 ●交流と直流の消費電力

ここで，7.4 節で求めた，平均電力 P_{av} について考えます．抵抗 R に平均電力 P_{av} と同じ消費電力となるよう直流電圧 E をかけます．

$$P_{av} = \frac{E_m^2}{2R} = \frac{E_m}{\sqrt{2}} \cdot \frac{I_m}{\sqrt{2}} = EI$$

$$P_{av} = \frac{E^2}{R} = \frac{E_m}{\sqrt{2}} \cdot \frac{I_m}{\sqrt{2}} = EI \tag{7·15}$$

この値を $e(t)$ の実効値 E（E_{rms}）といいます．

$$E_{rms} = \frac{E_m}{\sqrt{2}} \fallingdotseq 0.707 E_m \tag{7·16}$$

同様に，$i(t)$ の実効値 I（I_{rms}）は

$$I_{rms} = \frac{I_m}{\sqrt{2}} \fallingdotseq 0.707 I_m \tag{7·17}$$

となります．

また，一般に実効値は瞬時値の二乗の平均の平方根（Root Mean Square）であるため，RMS 値と呼ばれることもあります．そこで，1 周期当たりの交流電力が消費する電力が直流と等しいとすると

$$\frac{E^2}{R} = \frac{1}{T}\int_0^T \frac{e(t)^2}{R}\,dt \tag{7.18}$$

ゆえに，電圧の実効値は

$$|E| = E_{rms} = \sqrt{\frac{1}{T}\int_0^T e(t)^2\,dt} = \frac{E_m}{\sqrt{2}} \tag{7.19}$$

となり，電流の実効値は同じく

$$|I| = I_{rms} = \sqrt{\frac{1}{T}\int_0^T i(t)^2\,dt} = \frac{I_m}{\sqrt{2}} \tag{7.20}$$

と求められます．

 7.3

最大値が 141.4 V の正弦波交流電圧の平均値と実効値を求めよ．

■答え

$$e_{av} = \frac{2}{\pi}E_m \fallingdotseq 0.637 E_m$$

平均値は

$$e_{av} \fallingdotseq 90.02\,\text{V}$$
$$E_{rms} = \frac{E_m}{\sqrt{2}} \fallingdotseq 0.707 E_m$$

実効値は

$$E_{rms} \fallingdotseq 100\,\text{V}$$

図 7·9 の矩形波における実効値を求めよ．

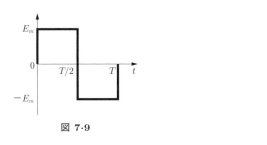

図 7·9

■答え

実効値の式は

$$E_{rms} = \sqrt{\frac{1}{T} \int_0^T e(t)^2 \, dt}$$

であり，矩形波の式を代入する．矩形波は

$$e(t) = E_m \quad \left(0 \leq t < \frac{T}{2}\right)$$
$$e(t) = -E_m \quad \left(\frac{T}{2} \leq t < T\right)$$

であるので実効値の式に代入して

$$E_{rms} = \sqrt{\frac{1}{T} \left\{ \int_0^{\frac{T}{2}} E_m{}^2 \, dt + \int_{\frac{T}{2}}^T (-E_m{}^2) \, dt \right\}}$$

$$E_{rms} = \sqrt{\frac{E_m{}^2}{T} \left\{ \int_0^{\frac{T}{2}} 1 \, dt + \int_{\frac{T}{2}}^T 1 \, dt \right\}} = \sqrt{\frac{E_m{}^2}{T} \left\{ [t]_0^{\frac{T}{2}} + [t]_{\frac{T}{2}}^T \right\}}$$

$$= \sqrt{\frac{E_m{}^2}{T} T} = E_m$$

と求められる．

Point 交流の瞬時値，最大値，平均値，実効値

【瞬時値】

電圧：$e(t) = E_m \sin(\omega t + \theta)$

電流：$i(t) = I_m \sin(\omega t + \varphi)$

【電圧・電流の最大値】

E_m, I_m

【電圧・電流の平均値】

$E_{av} = \dfrac{2}{\pi} E_m \fallingdotseq 0.637 E_m$

$I_{av} = \dfrac{2}{\pi} I_m \fallingdotseq 0.637 I_m$

【電圧・電流の実効値】

$E_{rms} = \dfrac{E_m}{\sqrt{2}} \fallingdotseq 0.707 E_m$

$I_{rms} = \dfrac{I_m}{\sqrt{2}} \fallingdotseq 0.707 I_m$

練習問題

正解したら
チェック！

① 下記は時刻 t [s] での交流電圧 $v(t)$ を示す式である．この交流電圧波形の周期，周波数，実効値，平均値，初期位相を求めよ． (10 点 = 2 点 × 5)

$$v(t) = 100 \sin\left(50\pi t + \frac{\pi}{4}\right) \text{[V]}$$

② 最大値 141 V，周波数 60 Hz，初期位相 60° の正弦波交流電圧 $e(t)$ を sin 関数で示し，図示せよ． (10 点 = 5 点 × 2)

③ 実効値 100 V，周波数 60 Hz の正弦波交流電圧の振幅，周期を求めよ． (10 点 = 5 点 × 2)

④ 動力用電源である三相交流は位相差が 120° となっている．この波形の時間差は何秒か．ただし周波数は 50 Hz とする． (10 点)

⑤ 図 7·10 に示す波形の平均値，実効値を求めよ．

(12 点 = 6 点 × 2)

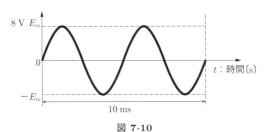

図 7·10

⑥ 図 7·11 に示す波形の平均値，実効値，周波数を求めよ．同期 T は 5×10^{-3} s とする． (18 点 = 6 点 × 3)

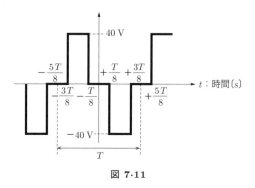

図 7·11

⑦ 図 7·12 に示す波形の平均値，実効値を求めよ． (15 点 = 7.5 点 × 2)

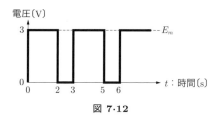

図 7·12

⑧ 図 7·13 に示す波形の平均値，実効値を求めよ． (15 点 = 7.5 点 × 2)

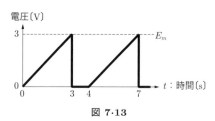

図 7·13

8章 回路を構成する抵抗以外の素子
―キャパシタとインダクタ―

ここまでの章では抵抗のみを扱ってきましたが,電気回路には,ほかにキャパシタ（コンデンサ）とインダクタ（コイル）と呼ばれる素子があります．本章ではキャパシタとインダクタがどのようなもので,どのような電気的性質をもっているかをみていきましょう．

8・1　キャパシタ

キャパシタ（**コンデンサ**ともいう）は図 8・1 のような外観をもった素子です．その基本的な内部構造は図 8・2 に示すように,2 枚の金属電極とこれらが互いに絶縁するように挟まれた絶縁物で構成されます．2 枚の金属電極間は電気を通さない絶縁物で絶縁されているため,電気を通しません．このためキャパシタの回路図記号は図 8・3 に示すように,互いに板が離れたような記号です．

キャパシタの電極間では電荷の移動が起こりませんが,電極に電荷が蓄えられ

図 8・1 ●実際のキャパシタ

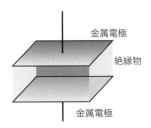

図 8・2 ●キャパシタの基本構造

図 8・3 ●キャパシタの回路図記号

ます．すなわち，キャパシタは電荷を蓄える素子で，**電気エネルギーを電気のまま蓄える**ことができます（当たり前のようですが重要なことです）．

電極間では電荷が移動できないため，直流では電流が流れることはありませんが，交流では電極に電荷が流入したり，流出したりします．このため見かけ上，交流では電流が流れます．

キャパシタに蓄えられる電荷の量を q，キャパシタ両端に加えられる電位差を v とすると，q と v の間では次のような関係式が成り立ちます．

$$q = Cv \tag{8.1}$$

式 (8.1) 中の q と v を結びつける比例定数 C を**キャパシタンス**（もしくは**静電容量**）といい，単位は**ファラド**（記号：F）です．1 V の電圧が加わった電極間で蓄えられた電荷量が 1 C のとき，キャパシタンスは 1 F であるといいます．実際の回路で用いられるキャパシタンスはこれよりも非常に小さいものが多いため以下のような単位が用いられます．

キャパシタンスの単位

マイクロ・ファラド	$1\,\mu\mathrm{F} = 10^{-6}\,\mathrm{F}$
ナノ・ファラド	$1\,\mathrm{nF} = 10^{-9}\,\mathrm{F}$
ピコ・ファラド	$1\,\mathrm{pF} = 10^{-12}\,\mathrm{F}$

ここで 3 個のキャパシタを図 8.4 に示すように直列に接続させた場合を考えます．3 個のキャパシタのキャパシタンスはそれぞれ C_1, C_2, C_3 とします．このとき式 (8.1) より，それぞれのキャパシタの両端の電圧 v_1, v_2, v_3 は

$$v_1 = \frac{q}{C_1}, \quad v_2 = \frac{q}{C_2}, \quad v_3 = \frac{q}{C_3} \tag{8.2}$$

となります．全体の電圧 v は v_1, v_2, v_3 を加えたものなので

$$v = v_1 + v_2 + v_3 = \frac{q}{C_1} + \frac{q}{C_2} + \frac{q}{C_3} = q\left(\frac{1}{C_1} + \frac{1}{C_2} + \frac{1}{C_3}\right) = \frac{q}{C} \tag{8.3}$$

と書き表せます．ここで C は合成キャパシタンスと呼ばれます．

n 個のキャパシタが直列に接続した際の合成キャパシタンス C はそれぞれのキャパシタのキャパシタンスを C_k とすると

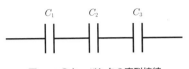
図 8·4 ●キャパシタの直列接続

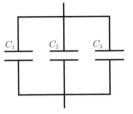
図 8·5 ●キャパシタの並列接続

$$\frac{1}{C} = \frac{1}{C_1} + \frac{1}{C_2} + \frac{1}{C_3} + \cdots + \frac{1}{C_n} \tag{8·4}$$

$$C = \frac{1}{\frac{1}{C_1} + \frac{1}{C_2} + \frac{1}{C_3} + \cdots + \frac{1}{C_n}} \tag{8·5}$$

となり，キャパシタの直列接続では合成キャパシタンス C の逆数は各キャパシタンスの逆数の和であることがわかります．

次に3個のキャパシタが**図 8·5** に示すように並列に接続された場合を考えます．

並列なので，それぞれのキャパシタには同じ電圧 v がかかります．その結果，各キャパシタにはそれぞれ電荷 q_1, q_2, q_3 が蓄えられます．

$$q_1 = C_1 v, \quad q_2 = C_2 v, \quad q_3 = C_3 v \tag{8·6}$$

したがって，全体で蓄えられる電荷 q は

$$q = q_1 + q_2 + q_3 = C_1 v + C_2 v + C_3 v = (C_1 + C_2 + C_3)v = Cv \tag{8·7}$$

と書き表せます．

よって n 個のキャパシタを並列に接続した際の合成キャパシタンス C はそれぞれのキャパシタのキャパシタンスを C_k とすると

$$C = C_1 + C_2 + C_3 + \cdots + C_n \tag{8·8}$$

となり，キャパシタの並列接続では合成キャパシタンス C は各キャパシタンスの和であることがわかります．

例題 8.1

$1\,\mu\text{F}$, $2\,\mu\text{F}$, $3\,\mu\text{F}$ の 3 個のキャパシタを図 8·6 のように接続した．各合成キャパシタンスを求めよ．

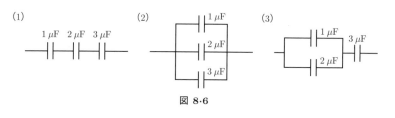

図 8·6

■答え

(1)
$$C = \frac{1}{\dfrac{1}{1\,\mu\text{F}} + \dfrac{1}{2\,\mu\text{F}} + \dfrac{1}{3\,\mu\text{F}}} = \frac{1}{\dfrac{11}{6\,\mu\text{F}}} = \frac{6}{11}\,\mu\text{F}$$

(2)
$$C = 1\,\mu\text{F} + 2\,\mu\text{F} + 3\,\mu\text{F} = 6\,\mu\text{F}$$

(3) $1\,\mu\text{F}$ と $2\,\mu\text{F}$ のキャパシタが並列に接続している部分の合成キャパシタンス C' は

$$C' = 1\,\mu\text{F} + 2\,\mu\text{F} = 3\,\mu\text{F}$$

この C' と $3\,\mu\text{F}$ のキャパシタが直列に接続しているので

$$C = \frac{1}{\dfrac{1}{C'}} + \frac{1}{\dfrac{1}{3\,\mu\text{F}}} = \frac{1}{\dfrac{1}{1\,\mu\text{F} + 2\,\mu\text{F}}} + \frac{1}{\dfrac{1}{3\,\mu\text{F}}} = \frac{1}{\dfrac{2}{3\,\mu\text{F}}} = \frac{3}{2}\,\mu\text{F}$$

8·2 インダクタ

インダクタ（**コイル**ともいう）は図 8·7 に示すような素子で，その基本的な構造は図 8·8 に示すように，鉄やプラスチックなどの芯に導線を巻き付けた構造を

図 8·7 ●実際のインダクタ

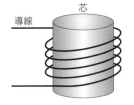

図 8·8 ●インダクタの基本構造

図 8·9 ●インダクタの回路図記号

しています．芯が存在しない空芯のものもあります．インダクタの回路図記号は図 8·9 に示すような，線が巻かれているイメージの記号です．

インダクタに電流が流れると磁力線が発生し，磁界ができます．この磁界の強さはインダクタを流れる電流の大きさに比例します．インダクタには，流れる電流によって発生する磁束でエネルギーが蓄えられます．すなわち，インダクタは電気エネルギーを磁気エネルギーに変換して蓄えることができます．

インダクタで発生する磁界の強さに比例する磁束は，インダクタの巻線数とインダクタを流れる電流に比例します．インダクタの巻線数を N，磁束を ϕ，インダクタを流れる電流を I とすると N と ϕ，I の間では次のような関係式が成り立ちます．

$$N\phi = LI \tag{8·9}$$

式 (8·9) 中の $N\phi$ と I を結びつける比例定数 L を**インダクタンス**といい，単位は**ヘンリー**（記号：H）です．

実際の回路で用いられるインダクタでは以下のような単位が用いられます．

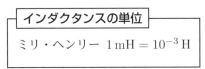

インダクタを図 8·10 に示すように直列に接続させた場合を考えます．n 個のインダクタを直列に接続した際の合成インダクタンス L はそれぞれのインダクタのインダクタンスを L_k とすると

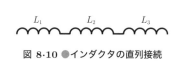
図 8·10 ●インダクタの直列接続

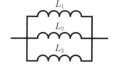
図 8·11 ●インダクタの並列接続

$$L = L_1 + L_2 + L_3 + \cdots + L_n \tag{8·10}$$

となります．インダクタの直列接続では合成インダクタンス L は各インダクタンスの和であることがわかります．

また，インダクタを図 8·11 に示すように並列に接続させた場合を考えます．n 個のインダクタを並列に接続した際の合成インダクタンス L はそれぞれのインダクタのインダクタンスを L_k とすると

$$\frac{1}{L} = \frac{1}{L_1} + \frac{1}{L_2} + \frac{1}{L_3} + \cdots + \frac{1}{L_n} \tag{8·11}$$

$$L = \frac{1}{\dfrac{1}{L_1} + \dfrac{1}{L_2} + \dfrac{1}{L_3} + \cdots + \dfrac{1}{L_n}} \tag{8·12}$$

となり，インダクタの並列接続では合成インダクタンス L の逆数は各インダクタンスの逆数の和であることがわかります．

例題 8.2

$1\,\mathrm{mH}$，$2\,\mathrm{mH}$，$3\,\mathrm{mH}$ の 3 個のインダクタを図 8·12 のように接続した．各合成インダクタンスを求めよ．

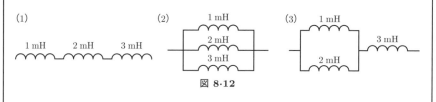
図 8·12

■答え

(1)

$$L = 1\,\mathrm{mH} + 2\,\mathrm{mH} + 3\,\mathrm{mH} = 6\,\mathrm{mH}$$

(2)
$$L = \cfrac{1}{\cfrac{1}{1\,\mathrm{mH}} + \cfrac{1}{2\,\mathrm{mH}} + \cfrac{1}{3\,\mathrm{mH}}} = \cfrac{1}{\cfrac{11}{6\,\mathrm{mH}}} = \cfrac{6}{11}\,\mathrm{mH}$$

(3) 1 mH と 2 mH のインダクタが並列に接続している部分の合成インダクタンス L' は

$$L' = \cfrac{1}{\cfrac{1}{1\,\mathrm{mH}} + \cfrac{1}{2\,\mathrm{mH}}} = \cfrac{1}{\cfrac{3}{2\,\mathrm{mH}}} = \cfrac{2}{3}\,\mathrm{mH}$$

この L' と 3 mH が直列に接続しているので

$$L = L' + 3\,\mathrm{mH} = \frac{2}{3}\,\mathrm{mH} + 3\,\mathrm{mH} = \frac{11}{3}\,\mathrm{mH}$$

8·3 キャパシタ，インダクタの電圧と電流との関係

[1] キャパシタ

　キャパシタに電流が流入すると電極に蓄えられる電荷量が増加し，流出すると電荷量が減少します．逆にいえば，キャパシタの電荷量が増加したということは電流が流入したことを，減少したことは電流が流出したことを表します．電荷量が増減する時間変化は電荷量の時間での微分で表すことができます．このため，キャパシタの電荷量を q，キャパシタに流入する電流を $i(t)$（キャパシタに流入する電流は時間によって変化するので $i(t)$ と表記します）とすると，これらには以下のような関係式が成り立ちます．

$$i(t) = \frac{d}{dt}q \tag{8·13}$$

この関係式は式 (8·1) の関係から，次のように書き直せます．

$$i(t) = C\frac{d}{dt}v(t) \tag{8·14}$$

ただし，$v(t)$ はキャパシタ両端の電位差（時間によって変化するので $v(t)$ と表記します）を表します．すなわち，図 8·13 に示すように，キャパシタではキャパシタ両端の電位差の時間変化 $dv(t)/dt$ にキャパシタンス C を乗じると，キャパシタに流入する電流 $i(t)$ を表すことになります．

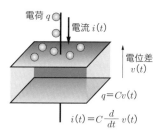

図 8·13 ●キャパシタの電圧と電流の関係

　直流の場合，キャパシタの両端の電位差は時間変化しません．すなわち，$dv(t)/dt = 0$ ですから，キャパシタには電流が流れ込まないことになります．

　キャパシタ両端の電位差が時間的に変化するのは，7章で説明した交流が加わった場合があります．ここで，キャパシタに次式のように表される，振幅が a，角周波数が ω であるような正弦波交流電圧が加わった場合を考えてみます．

$$v(t) = a\sin\omega t \tag{8·15}$$

　式 (8·15) を，キャパシタの電圧，電流の関係式 (8·14) に代入します．$a\sin\omega t$ の時間微分は

$$\frac{d}{dt}a\sin\omega t = a\omega\cos\omega t \tag{8·16}$$

ですから

$$i(t) = C\frac{d}{dt}v(t) = C\frac{d}{dt}a\sin\omega t = a\omega C\cos\omega t \tag{8·17}$$

となります．ここで，三角関数の性質から

$$\cos\omega t = \sin\left(\omega t + \frac{\pi}{2}\right) \tag{8·18}$$

と変形できますから

$$i(t) = a\omega C\cos\omega t = a\omega C\sin\left(\omega t + \frac{\pi}{2}\right) \tag{8·19}$$

となります．式 (8·15) で示したキャパシタに加えた電圧 $v(t)$ と，式 (8·19) に示したキャパシタに流れ込む電流 $i(t)$ を比べてみます．

> **キャパシタの電圧と電流**
>
> | | 電圧 | 電流 |
> |------|--------------|-------------------------|
> | 振幅: | a | $a\omega C$ |
> | 位相: | ωt | $\omega t + \dfrac{\pi}{2}$ |

振幅の違いは波の大きさの違いです.位相の違いは電圧と電流の波のズレを表します.キャパシタではこのズレは $\pi/2$ になります.このズレを位相差といいます.このように電圧 $v(t)$ と電流 $i(t)$ の位相差が $\pi/2$ であるとき,「電流 $i(t)$ は電圧 $v(t)$ に比べて,位相が $\pi/2$ 進んでいる(電圧 $v(t)$ は電流 $i(t)$ に比べて,位相が $\pi/2$ 遅れている)」といいます[*1].この様子を図 8·14 に示します.

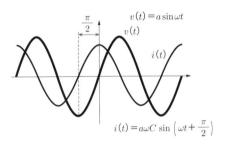

図 8·14 ●キャパシタの電圧と電流

例題 8.3

キャパシタンスが $1\,\mu\mathrm{F}$ のキャパシタに

$$v(t) = 200 \cos 30t \;[\mathrm{V}]$$

で表される交流電圧を加えた.キャパシタに流れ込む電流 $i(t)$ を求めよ.

■答え

キャパシタに流れこむ電流 $i(t)$ とキャパシタ両端の電位差 $v(t)$ の関係は式 (8.14) で表される.$a \cos \omega t$ の時間微分は

[*1] 図 8·14 を見ると電流 $i(t)$ の波形に比べて,電圧 $v(t)$ の波形が右側にずれているので,「進んでいる」と勘違いする人がいますが,電流の $t=0$ のときの位相状態と,電圧の $t=\pi/2$ のときの位相状態が同じになるので,「電流は電圧に比べて $\pi/2$ 進んでいる(電圧は電流に比べて $\pi/2$ 遅れている)」といいます.

$$\frac{d}{dt}a\cos\omega t = -a\omega\sin\omega t$$

であるので，キャパシタに流れ込む電流 $i(t)$ は

$$i(t) = C\frac{d}{dt}v(t) = 1\times 10^{-6}\,\text{F}\cdot 200\frac{d}{dt}\cos 30t\,[\text{V}]$$
$$= -1\times 200\times 30\times 10^{-6}\sin 30t$$
$$= -6\times 10^{-3}\sin 30t\,[\text{A}]$$
$$= -6\sin 30t\,[\text{mA}]$$

[2] **インダクタ**

　インダクタを貫く磁束が変化すると，インダクタの両端に電圧 $v(t)$（時間によって変化するので $v(t)$ と表記します）が発生します．この関係は「**ファラデーの電磁誘導の法則**」といい，発生する電圧 $v(t)$ を**誘導起電力**（または**誘導電圧**）と呼びます．

　磁束の時間変化は磁束の時間での微分で表すことができます．また導線の巻数に応じて電圧は強くなることから，磁束を ϕ，巻線数を N，誘導起電力を $v(t)$ とすると，これらには以下のような関係式が成り立ちます．

$$v(t) = N\frac{d}{dt}\phi \tag{8.20}$$

この関係式は式 (8.9) の関係から，次のように書き直せます．

$$v(t) = L\frac{d}{dt}i(t) \tag{8.21}$$

ただし，$i(t)$ はインダクタを流れる電流（時間によって変化するので $i(t)$ と表記します）を表します．

　すなわち，**図 8.15** に示すように，インダクタではインダクタに流れる電流の時間変化 $di(t)/dt$ にインダクタンス L を乗じると，インダクタの両端の電位差 $v(t)$ を表すことになります．

　直流の場合，インダクタに流れる電流は時間変化しません．すなわち，$di(t)/dt = 0$ ですから，インダクタの両端の電位差は 0 になります．

　インダクタに次式のように表される，振幅が a，角周波数が ω であるような正弦波交流電圧が加わった場合を考えてみます．

$$v(t) = a\sin\omega t \tag{8.22}$$

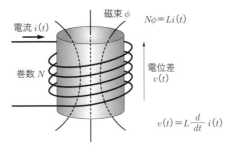

図 8·15 ●インダクタの電圧と電流の関係

インダクタの電圧，電流の関係式 (8·21) は次式のように変形できます．

$$i(t) = \frac{1}{L}\int v(t)dt \tag{8·23}$$

式 (8·23) に式 (8·22) の $v(t)$ を代入します．

$$i(t) = \frac{1}{L}\int a\sin\omega t\, dt = -\frac{a}{\omega L}\cos\omega t \tag{8·24}$$

となります．ここで，三角関数の性質から

$$-\cos\omega t = \sin\left(\omega t - \frac{\pi}{2}\right) \tag{8·25}$$

ですから

$$i(t) = -\frac{a}{\omega L}\cos\omega t = \frac{a}{\omega L}\sin\left(\omega t - \frac{\pi}{2}\right) \tag{8·26}$$

となります．式 (8·22) で示したインダクタに加えた電圧 $v(t)$ と，式 (8·26) に示したインダクタを流れる電流 $i(t)$ を比べてみます．

インダクタの電圧と電流		
	電圧	電流
振幅:	a	$\dfrac{a}{\omega L}$
位相:	ωt	$\omega t - \dfrac{\pi}{2}$

位相の違いに注目すると，インダクタの場合は位相差が $-\pi/2$ でキャパシタの場合と符号が異なります．このためインダクタでは，「電流 $i(t)$ は電圧 $v(t)$ に比べて，位相が $\pi/2$ 遅れている（電圧 $v(t)$ は電流 $i(t)$ に比べて，位相が $\pi/2$ 進んでいる）」といいます．この様子を図 8·16 に示します．

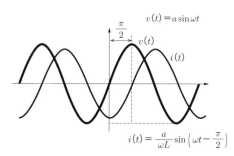

図 8·16 ●インダクタの電圧と電流

例題 8.4

インダクタンスが $10\,\mathrm{mH}$ のインダクタに

$$i(t) = 20 \sin 30t \;[\mathrm{A}]$$

で表される交流電流を流した．インダクタ両端の電位差 $v(t)$ を求めよ．

■答え

インダクタを流れる電流 $i(t)$ とインダクタ両端の電位差 $v(t)$ の関係は式 (8·21) で表される．$a \sin \omega t$ の時間微分は

$$\frac{d}{dt} a \sin \omega t = a\omega \cos \omega t$$

であるので，インダクタ両端の電位差 $v(t)$ は

$$\begin{aligned} v(t) &= L\frac{d}{dt}i(t) = 10 \times 10^{-3}\,\mathrm{H} \cdot 20\frac{d}{dt}\sin 30t\;[\mathrm{A}] \\ &= 10 \times 20 \times 30 \times 10^{-3} \cos 30t \\ &= 6 \cos 30t\;[\mathrm{V}] \end{aligned}$$

練習問題

正解したら
チェック！

得点 / 100

☐ ① 図 8·17 に示すキャパシタの合成キャパシタンスを求めよ． (10 点)

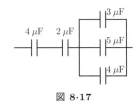

図 8·17

☐ ② 図 8·18 に示すキャパシタの合成キャパシタンスを求めよ． (10 点)

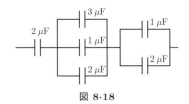

図 8·18

☐ ③ 図 8·19 に示すインダクタの合成インダクタンスを求めよ． (10 点)

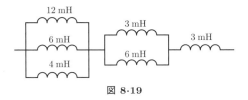

図 8·19

④ 図 8·20 に示すインダクタの合成インダクタンスを求めよ。　(10 点)

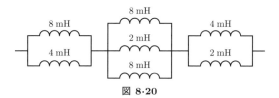

図 8·20

⑤ キャパシタンスが $0.001\,\mu\mathrm{F}$ のキャパシタに

$$v(t) = 100\cos 377t\ [\mathrm{V}]$$

で表される交流電圧を加えた．キャパシタに流れ込む電流 $i(t)$ を求めよ．
(30 点)

⑥ インダクタンスが $100\,\mathrm{mH}$ のインダクタに

$$i(t) = 144\sin 314t\ [\mathrm{A}]$$

で表される交流電流を流した．インダクタ両端の電位差 $v(t)$ を求めよ．
(30 点)

9章 交流の表し方
―フェーザ法―

この章では,時間的に変化する交流のなかでも,電源の周波数がすべて同じ場合の正弦波交流を振幅と位相差のみに着目したフェーザ法についてみていきましょう.

9·1 複素数

フェーザ法では交流信号を複素数で表します.まずは複素数について復習しましょう.

電気の世界では通常,電流に i という文字を用いるため,虚数単位を i ではなく,j を用いて表します.

$$j = \sqrt{-1} \tag{9·1}$$

複素数 c は以下のように実数部 a と虚数部 b を用いて

$$c = a + jb \tag{9·2}$$

と表すことができます.また,実数部 a と虚数部 b は,複素数の実数部を表す記号 Re,虚数部を表す記号 Im を用いて以下のように表すこともできます[*1].

$$a = \operatorname{Re} c, \ b = \operatorname{Im} c \tag{9·3}$$

複素数 c は図 **9·1** のように複素平面上の点,もしくはベクトルとしても表すことができます.図 9·1 で c の大きさ(絶対値ともいいます)を $|c|$ と表し,実部の軸との角度を θ を偏角といいます.偏角は

$$\theta = \arg c \tag{9·4}$$

[*1] Re は Real Part,Im は Imaginary Part の略です.

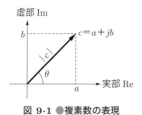
図 9·1 ●複素数の表現

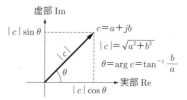
図 9·2 ●複素数の極座標表示

と書きます．これらは図 9·2 に示すように，次のような関係になります．

$$a = |c|\cos\theta \tag{9·5}$$

$$b = |c|\sin\theta \tag{9·6}$$

$$|c| = \sqrt{a^2 + b^2} \tag{9·7}$$

$$\theta = \tan^{-1}\frac{b}{a} \tag{9·8}$$

$$c = |c|\cos\theta + j|c|\sin\theta \tag{9·9}$$

複素数 $c = a + jb$ を，その大きさ $|c| = \sqrt{a^2 + b^2}$ と偏角 $\theta = \arg c = \tan^{-1} b/a$ を用いて式 (9·9) のように表現する方法を，極座標表示といいます．

また複素数 $c = a + jb$ の虚数 j の前の符号を変化させた $\bar{c} = a - jb$ のことを「c の共役複素数」といいます．c と共役複素数 $\bar{c}$ は図 9·3 に示すように次のような関係になります．

$$\bar{c} = |c|\cos(-\theta) + |c|\sin(-\theta) \tag{9·10}$$

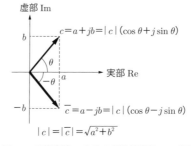
図 9·3 ●複素数 c とその共役複素数 $\bar{c}$ の関係

以下のような二つの複素数 c_1, c_2 を考えます.

$$c_1 = a_1 + jb_1 = |c_1|\cos\theta_1 + j|c_1|\sin\theta_1$$
$$c_2 = a_2 + jb_2 = |c_2|\cos\theta_2 + j|c_2|\sin\theta_2 \tag{9.11}$$

ただし

$$\theta_1 = \tan^{-1}\frac{b_1}{a_1}$$
$$\theta_2 = \tan^{-1}\frac{b_2}{a_2} \tag{9.12}$$

です.

これら c_1, c_2 の和,差は次のようになります.

$$\begin{aligned}c_1 + c_2 &= (a_1 + a_2) + j(b_1 + b_2) \\ &= \sqrt{(a_1+a_2)^2 + (b_1+b_2)^2} \\ &\quad \left(\cos\left(\tan^{-1}\frac{b_1+b_2}{a_1+a_2}\right) + j\sin\left(\tan^{-1}\frac{b_1+b_2}{a_1+a_2}\right)\right)\end{aligned} \tag{9.13}$$

$$\begin{aligned}c_1 - c_2 &= (a_1 - a_2) + j(b_1 - b_2) \\ &= \sqrt{(a_1-a_2)^2 + (b_1-b_2)^2} \\ &\quad \left(\cos\left(\tan^{-1}\frac{b_1-b_2}{a_1-a_2}\right) + j\sin\left(\tan^{-1}\frac{b_1-b_2}{a_1-a_2}\right)\right)\end{aligned} \tag{9.14}$$

図 9.4 にこの様子を示します.
また,c とその共役複素数 $\bar{c}$ の和,差は次のようになります.

$$c + \bar{c} = (a + a) + j(b - b) = 2a \tag{9.15}$$

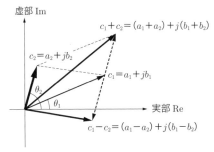

図 9.4 ●複素数の和と差

$$c - \bar{c} = (a - a) + j(b + b) = -j2b \tag{9.16}$$

例題 9.1

以下の複素数の大きさ $|c_k|$, 偏角 θ_k を求めよ.

(1)
$$c_1 = 2 + j2$$

(2)
$$c_2 = \sqrt{3} + j$$

(3)
$$c_3 = 4 + j3$$

■答え

(1)
$$|c_1| = \sqrt{2^2 + 2^2} = 2\sqrt{2}$$
$$\theta_1 = \tan^{-1}\frac{2}{2} = \frac{\pi}{4}$$

(2)
$$|c_2| = \sqrt{\sqrt{3}^2 + 1^2} = 2$$
$$\theta_2 = \tan^{-1}\frac{1}{\sqrt{3}} = \frac{\pi}{6}$$

(3)
$$|c_3| = \sqrt{4^2 + 3^2} = 5$$
$$\theta_3 = \tan^{-1}\frac{3}{4}$$

例題 9.2

以下の大きさ $|c_k|$, 偏角 θ_k である複素数を求めよ.

(1)
$$|c_1| = 4 \qquad \theta_1 = \frac{\pi}{3}$$

(2)
$$|c_2| = \sqrt{3} \qquad \theta_2 = -\frac{\pi}{4}$$

(3)
$$|c_3| = 10 \qquad \theta_3 = \tan^{-1} \frac{1}{3}$$

■答え

(1)
$$c_1 = 4\cos\frac{\pi}{3} + j4\sin\frac{\pi}{3} = 2 + j2\sqrt{3}$$

(2)
$$c_2 = \sqrt{3}\cos\left(-\frac{\pi}{4}\right) + j4\sin\left(\frac{\pi}{3}\right) = \frac{\sqrt{6}}{2} + j\frac{\sqrt{6}}{2}$$

(3)
$$c_3 = 10\cos\left(\tan^{-1}\frac{1}{3}\right) + j4\sin\left(\tan^{-1}\frac{1}{3}\right) = 3\sqrt{10} + j\sqrt{10}$$

9·2 オイラーの公式

指数関数はテイラー展開によって，次のように表すことができます．

$$e^x = 1 + \frac{x}{1!} + \frac{x^2}{2!} + \frac{x^3}{3!} + \cdots + \frac{x^n}{n!} + \cdots \tag{9·17}$$

また三角関数 $\sin\theta$, $\cos\theta$ はテイラー展開によって，次のように表すことができます．

$$\sin\theta = \frac{\theta}{1!} - \frac{\theta^3}{3!} + \frac{\theta^5}{5!} + \cdots + (-1)^{k+1}\frac{\theta^{(2k+1)}}{(2k+1)!} + \cdots \tag{9.18}$$

$$\cos\theta = 1 - \frac{\theta^2}{2!} + \frac{\theta^4}{4!} - \frac{\theta^6}{6!} + \cdots + (-1)^k\frac{\theta^{(2k)}}{(2k)!} + \cdots \tag{9.19}$$

式 (9·17) と式 (9·18), (9·19) を比較することで，式 (9·17) で $x = j\theta$ とおくと，次の式が成り立つことがわかります．

$$e^{j\theta} = \cos\theta + j\sin\theta \tag{9.20}$$

式 (9·20) は**オイラーの公式**と呼ばれます[*2]．式 (9·20) は以下のようにも変形することができます．

$$\cos\theta = \frac{e^{j\theta} + e^{-j\theta}}{2} \tag{9.21}$$

$$\sin\theta = \frac{e^{j\theta} - e^{-j\theta}}{2j} \tag{9.22}$$

オイラーの公式を使うと，複素数 c は次のように表すことができます．

$$c = |c|(\cos\theta + j\sin\theta) = |c|e^{j\theta} \tag{9.23}$$

これは式 (9·9) に示した複素数の極座標表示に対応しています．式 (9·23) のような表記を複素数の指数表示といいます．極座標表示，指数表示とも重要なのは大きさ $|c|$ と偏角 θ です．そこで極座標表示は

$$c = |c|\angle\theta \tag{9.24}$$

という表記も，電気回路の場合，よく用いられます．これらの関係を図示すると図 **9·5** のようになります．

また c とその共役複素数 $\bar{c}$ は

$$\bar{c} = |c|(\cos(\theta) - j\sin(\theta)) = |c|(\cos(-\theta) + j\sin(-\theta)) = |c|e^{-j\theta} \tag{9.25}$$

という関係があります．

[*2] オイラーの公式は 18 世紀の数学者レオンハルト・オイラーに因むとされています．特に $\theta = \pi$ のときの等式 $e^{j\pi} + 1 = 0$ は「数学の最も美しい定理」といわれています．

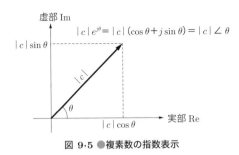

図 9·5 ●複素数の指数表示

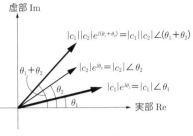

図 9·6 ●複素数の積

このような極座標表示,指数表示を用いると二つの複素数の積,商などが簡単にできます.以下のような二つの複素数 c_1, c_2 を考えます.

$$c_1 = |c_1|e^{j\theta_1} = |c_1|\angle\theta_1 \tag{9·26}$$

$$c_2 = |c_2|e^{j\theta_2} = |c_2|\angle\theta_2 \tag{9·27}$$

このとき,積,商はそれぞれ以下のように計算できます.

積:

$$\begin{aligned}c_1 \cdot c_2 &= |c_1||c_2|e^{j(\theta_1+\theta_2)} \\ &= |c_1||c_2|\angle(\theta_1+\theta_2)\end{aligned} \tag{9·28}$$

商:

$$\begin{aligned}\frac{c_1}{c_2} &= \frac{|c_1|}{|c_2|}e^{j(\theta_1-\theta_2)} \\ &= \frac{|c_1|}{|c_2|}\angle(\theta_1-\theta_2)\end{aligned} \tag{9·29}$$

複素数 c と自身の共役複素数 $\bar{c}$ の積,商は

$$\begin{aligned}c \cdot \bar{c} &= |c|e^{j\theta} \cdot |c|e^{-j\theta} \\ &= |c|^2 e^{j(\theta-\theta)} = |c|^2 e^0 = |c|^2 \\ &= |c|^2 \angle(\theta-\theta) = |c|^2 \angle 0\end{aligned} \tag{9·30}$$

$$\begin{aligned}\frac{c}{\bar{c}} &= \frac{|c|}{|c|}e^{j(\theta+\theta)} = e^{j2\theta} \\ &= \angle 2\theta\end{aligned} \tag{9·31}$$

となります．

例題 9.3

以下の複素数 c_k を指数表示 $|c_k|e^{j\theta_k}$，極座標表示 $|c_k|\angle\theta_k$ で表せ．

(1)
$$c_1 = 3\sqrt{3} - j3$$

(2)
$$c_2 = \sqrt{2} + j\sqrt{2}$$

(3)
$$c_3 = 2\sqrt{2} - j$$

■答え

(1)
$$c_1 = \sqrt{(3\sqrt{3})^2 + (-3)^2}\, e^{j\tan^{-1}\frac{-3}{3\sqrt{3}}}$$
$$= 6e^{-j\frac{\pi}{6}} = 6\angle -\frac{\pi}{6}$$

(2)
$$c_2 = \sqrt{(\sqrt{2})^2 + (\sqrt{2})^2}\, e^{j\tan^{-1}\frac{\sqrt{2}}{\sqrt{2}}}$$
$$= 2e^{j\frac{\pi}{4}} = 2\angle\frac{\pi}{4}$$

(3)
$$c_3 = \sqrt{(2\sqrt{2})^2 + (-1)^2}\, e^{j\tan^{-1}\frac{-1}{2\sqrt{2}}}$$
$$= 3e^{-j\tan^{-1}\frac{-1}{2\sqrt{2}}} = 3\angle -\tan^{-1}\frac{1}{2\sqrt{2}}$$

例題 9.4

以下の二つの複素数 c_1, c_2 をそれぞれ指数表示,および極座標表示に変換し,積 $c_1 \cdot c_2$ と商 c_1/c_2, c_2/c_1 を指数表示,および極座標表示で求めよ.

$$c_1 = 2\sqrt{3} - j2$$
$$c_2 = \sqrt{6} + j\sqrt{6}$$

■答え

$$c_1 = 2\sqrt{3} - j2 = \sqrt{(2\sqrt{3})^2 + 2^2}\, e^{j\tan^{-1}\frac{-2}{2\sqrt{3}}}$$
$$= 4e^{-j\frac{\pi}{6}} = 4\angle -\frac{\pi}{6}$$

$$c_2 = \sqrt{6} + j\sqrt{6} = \sqrt{(\sqrt{6})^2 + (\sqrt{6})^2}\, e^{j\tan^{-1}\frac{\sqrt{6}}{\sqrt{6}}}$$
$$= 6\sqrt{2}\,e^{j\frac{\pi}{4}} = 6\sqrt{2}\angle\frac{\pi}{4}$$

よって

$$c_1 \cdot c_2 = (4 \cdot 6\sqrt{2})e^{j\left(-\frac{\pi}{6}+\frac{\pi}{4}\right)} = 24\sqrt{2}\,e^{j\frac{\pi}{12}} = 24\sqrt{2}\angle\frac{\pi}{12}$$

$$\frac{c_1}{c_2} = \frac{4}{6\sqrt{2}}e^{j\left(-\frac{\pi}{6}-\frac{\pi}{4}\right)} = \frac{2\sqrt{2}}{3}e^{-j\frac{5\pi}{12}} = \frac{2\sqrt{2}}{3}\angle -\frac{5\pi}{12}$$

$$\frac{c_2}{c_1} = \frac{6\sqrt{2}}{4}e^{j\left(\frac{\pi}{4}+\frac{\pi}{6}\right)} = \frac{3\sqrt{2}}{2}e^{j\frac{5\pi}{12}} = \frac{2\sqrt{2}}{3}\angle\frac{5\pi}{12}$$

9·3 フェーザ法

[1] フェーザ表現

負荷 Z を流れる正弦波交流電流 $i(t)$ と負荷 Z にかかる正弦波交流電圧 $v(t)$ の瞬時値は 7 章で説明したように,電流および電圧の実効値をそれぞれ I, V とすると次のような式で表現できます.

$$i(t) = \sqrt{2}I\sin\omega t \tag{9·32}$$

$$v(t) = \sqrt{2}V\sin(\omega t + \theta) \tag{9.33}$$

式 (9.20) のオイラーの公式を用いると式 (9.32), (9.33) は次のように書き直せます.

$$i(t) = \sqrt{2}I\,\mathrm{Im}(\cos\omega t + j\sin\omega t) \tag{9.34}$$

$$= \sqrt{2}I\sin\omega t = \sqrt{2}I\,\mathrm{Im}\,e^{j\omega t} \tag{9.35}$$

$$v(t) = \sqrt{2}V\,\mathrm{Im}(\cos(\omega t + \theta) + j\sin(\omega t + \theta)) \tag{9.36}$$

$$= \sqrt{2}V\sin(\omega t + \theta) = \sqrt{2}V\,\mathrm{Im}\,e^{j(\omega t + \theta)} \tag{9.37}$$

Im は複素数の虚数部を取り出す記号です.

ここで $i(t)$ と $v(t)$ の比であるインピーダンスを $\dot{Z}$ と表すことにすると

$$\dot{Z} = \frac{v(t)}{i(t)} = \frac{\sqrt{2}V\,\mathrm{Im}e^{j(\omega t + \theta)}}{\sqrt{2}I\,\mathrm{Im}e^{j\omega t}} = \frac{V}{I}e^{j\theta} \tag{9.38}$$

となります. このインピーダンス $\dot{Z}$ は複素数で表現されるので, 複素インピーダンスと呼ばれます.

式 (9.38) では複素インピーダンス $\dot{Z}$ は電流の実効値 I, 電圧の実効値 V, 電流と電圧の位相差 θ のみの関係で書くことができています. すべての電源の周波数が同じ, すなわち角周波数 ω がすべて同一の角周波数である場合, 電流, 電圧それぞれの実効値とその位相差 θ が重要な情報であることがわかります. そこで, 式 (9.35), (9.37) を $\sqrt{2}e^{j\omega t}$ で割って, 電流, 電圧を以下のように位相情報と実効値のみで表現することにします.

$$\dot{I} = Ie^{j\theta} \tag{9.39}$$

$$\dot{V} = Ve^{j\theta} \tag{9.40}$$

式 (9.39), (9.40) の電流 $\dot{I}$, 電圧 $\dot{V}$ は複素インピーダンス $\dot{Z}$ 同様に複素数として表現されています. このような表現方法をフェーザ表現といいます.

フェーザ表現を用いることで時間変化する電流, 電圧を大きさと位相角をもった複素平面上のベクトルとして扱うことができます. このような複素ベクトルで表記することをフェーザ表現ともいいます. フェーザ表現であるのか, 単にスカ

ラーの数値であるのかを区別するために，フェーザ表現では $\dot{I}, \dot{V}, \dot{Z}$ のように文字の上にドットを付けて区別します．

例題 9.5

ある素子に瞬時値が表される正弦波交流電圧 $v(t)$ を加えた際に，以下のような瞬時値の正弦波交流電流 $i(t)$ が観測された．このときの素子の電圧 $\dot{V}$，電流 $\dot{I}$，インピーダンス $\dot{Z}$ をフェーザ表現で表せ．

$$v(t) = 144\sin(186t)$$
$$i(t) = 36\sin\left(186t + \frac{\pi}{6}\right)$$

■答え

$$\dot{V} = \frac{144}{\sqrt{2}}e^{j0} \fallingdotseq 100e^{j0}$$
$$\dot{I} = \frac{36}{\sqrt{2}}e^{j\frac{\pi}{6}} \fallingdotseq 25e^{j\frac{\pi}{6}}$$
$$\dot{Z} = \frac{\dot{V}}{\dot{I}} = 4e^{-j\frac{\pi}{6}}$$

[2] **各素子の複素インピーダンス**

抵抗 R に

$$\dot{V} = Ve^{j0} \tag{9.41}$$

の電圧 $\dot{V}$ を加えた場合，抵抗 R を流れる電流 $\dot{I}$ は電圧と位相差が発生しないため

$$\dot{I} = Ie^{j0} \tag{9.42}$$

と表せます．したがって抵抗の複素インピーダンス $\dot{Z}_R$ は

$$\dot{Z}_R = \frac{\dot{V}}{\dot{I}} = R \tag{9.43}$$

となります．

8 章の 8.3 節ではキャパシタ，インダクタの電圧と電流の関係を説明しました．復習するとキャパシタでは，キャパシタの両端の電圧が時間によって上昇すると，

電流が流れ込みました．また電圧が低下すると，電流が流れ出しました．この関係はキャパシタの電圧を $v(t)$ [V]，流れ込む電流を $i(t)$ [A]，そしてキャパシタンスを C [F] と置くと

$$i(t) = C\frac{d}{dt}v(t) \tag{9.44}$$

と記述することができました．

ところでフェーザ法では電圧は式 (9.37) に示したように

$$v(t) = \sqrt{2}Ve^{j\omega t} = \dot{V} \tag{9.45}$$

と書けます．これを式 (9.44) に代入すると

$$\dot{I} = i(t) = \sqrt{2}VC\frac{d}{dt}e^{j\omega t} = j\omega\sqrt{2}VCe^{j\omega t} \tag{9.46}$$

となります．これらからキャパシタの複素インピーダンス $\dot{Z}_C$ を求めると

$$\dot{Z}_C = \frac{\dot{V}}{\dot{I}} = \frac{\sqrt{2}Ve^{j\omega t}}{j\omega\sqrt{2}VCe^{j\omega t}} = \frac{1}{j\omega C} = -\frac{j}{\omega C} \tag{9.47}$$

となります．

次にインダクタの場合を考えてみましょう．インダクタでは，流れる電流に対して起電力が発生しました．この関係はインダクタを流れる電流を $i(t)$ [A]，インダクタの起電力電圧を $v(t)$ [V]，そしてインダクタンスを L [H] と置くと

$$v(t) = L\frac{d}{dt}i(t) \tag{9.48}$$

と記述することができました．ところでフェーザ法では電流は式 (9.35) に示したように

$$i(t) = \sqrt{2}Ie^{j\omega t} = \dot{I} \tag{9.49}$$

と書けますから，これを式 (9.48) に代入すると

$$\dot{V} = v(t) = \sqrt{2}IL\frac{d}{dt}e^{j\omega t} = j\omega\sqrt{2}ILe^{j\omega t} \tag{9.50}$$

となります．これらからインダクタの複素インピーダンス $\dot{Z}_L$ を求めると

$$\dot{Z}_L = \frac{\dot{V}}{\dot{I}} = \frac{j\omega\sqrt{2}ILe^{j\omega t}}{\sqrt{2}Ie^{j\omega t}} = j\omega L \tag{9.51}$$

となります．

抵抗 R，キャパシタ C，インダクタ L の複素インピーダンス $\dot{Z}$ を複素平面上[*3]に図示すると図 9·7 のような関係になります．

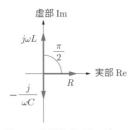

図 9·7 ● 複素インピーダンス

例題 9.6

振幅 90 V，角周波数 ω が 250 rad/s の正弦波交流電圧が 0.01 μF のキャパシタのインピーダンス $\dot{Z}_C$，および 100 mH のインダクタのインピーダンス $\dot{Z}_L$ を求めよ．

■答え

$$\dot{Z}_C = -\frac{j}{\omega C} = -\frac{j}{250 \cdot 0.01 \times 10^{-6}} = -\frac{1}{2.5} \times 10^6 = -0.4 \times 10^6\,\Omega$$
$$= -0.4\,\mathrm{M}\Omega$$

$$\dot{Z}_L = j\omega L = 250 \cdot 100 \times 10^{-3} = 25\,\Omega$$

〔3〕 **抵抗 R・インダクタ L・キャパシタ C の組合せ**

図 9·8 に示すように抵抗 R，インダクタ L，キャパシタ C が直列接続している場合を考えます．直列接続ですから各素子に流れる電流は同じです．そこで，流れる電流が以下のような正弦波交流電流 $i(t)$ である場合を考えます．

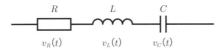

図 9·8 ● R, L, C の直列接続

[*3] 横軸に実数，縦軸に虚数を割り当てた平面のことです．

$$i(t) = I\sqrt{2}\sin\omega t \tag{9.52}$$

各素子の電圧 $v_R(t)$, $v_C(t)$, $v_L(t)$ はそれぞれ

$$v_R(t) = Ri(t) = RI\sqrt{2}\sin\omega t \tag{9.53}$$

$$v_L(t) = L\frac{d}{dt}i(t) = \omega L I\sqrt{2}\cos\omega t \tag{9.54}$$

$$v_C(t) = \frac{1}{C}\int i(t)dt = -\frac{I\sqrt{2}}{\omega C}\cos\omega t \tag{9.55}$$

直列接続ですから各素子の電圧の総和が全体の電圧になります.

$$v(t) = v_R(t) + v_L(t) + v_C(t) = I\sqrt{2}\left\{R\sin\omega t + \left(\omega L - \frac{1}{\omega C}\right)\cos\omega t\right\} \tag{9.56}$$

となります. ここで

$$\alpha\sin\theta + \beta\cos\theta = \sqrt{\alpha^2 + \beta^2}\sin\left(\theta + \tan^{-1}\frac{\beta}{\alpha}\right) \tag{9.57}$$

の関係から式 (9.56) は

$$v(t) = I\sqrt{2}\sqrt{R^2 + \left(\omega L - \frac{1}{\omega C}\right)^2}\sin\left(\omega t + \tan^{-1}\frac{\omega L - \frac{1}{\omega C}}{R}\right) \tag{9.58}$$

となります. 式 (9.52) に示した回路全体に流れる電流 $i(t)$ と, 式 (9.58) に示した抵抗, インダクタ, キャパシタを一つの負荷としてみた際の負荷にかかる電圧 $v(t)$ を比較すると, 以下のようになります.

	電流 $i(t)$	電圧 $v(t)$
振幅	$I\sqrt{2}$	$I\sqrt{2}\sqrt{R^2 + \left(\omega L - \frac{1}{\omega C}\right)^2}$
位相	ωt	$\omega t + \tan^{-1}\dfrac{\omega L - \frac{1}{\omega C}}{R}$

振幅の比較から, 抵抗, インダクタ, キャパシタを一つの負荷としてみた際の合成インピーダンスの大きさ $|Z|$ は

$$|Z| = \sqrt{R^2 + \left(\omega L - \frac{1}{\omega C}\right)^2} \tag{9.59}$$

となり，電流と電圧の位相差 ϕ は

$$\phi = \tan^{-1}\frac{\omega L - \dfrac{1}{\omega C}}{R} \tag{9.60}$$

となります．

次に，それぞれの電流，電圧，インピーダンスをフェーザ表現で考えてみます．回路に流れる複素電流を $\dot{I}$，抵抗 R の複素電圧を $\dot{V}_R$，インダクタ L の複素電圧を $\dot{V}_L$，キャパシタ C の複素電圧を $\dot{V}_C$ とします．

$$\dot{V}_R = R\dot{I} = RIe^{j0} \tag{9.61}$$

$$\dot{V}_L = j\omega L\dot{I} = \omega L I e^{j\frac{\pi}{2}} \tag{9.62}$$

$$\dot{V}_C = -\frac{j}{\omega C}\dot{I} = \left(\frac{I}{\omega C}\right)^{-j\frac{\pi}{2}} \tag{9.63}$$

直列接続ですから各素子の電圧の総和が全体の複素電圧 $\dot{V}$ になります．

$$\dot{V} = \dot{V}_R + \dot{V}_L + \dot{V}_C = \left\{R + j\left(\omega L - \frac{1}{\omega C}\right)\right\}\dot{I} \tag{9.64}$$

$\dot{I} = Ie^{j0} = I$ なので，$\dot{V}$ のフェーザ表現を複素数表現にすると

$$\dot{V} = \left\{R + j\left(\omega L - \frac{1}{\omega C}\right)\right\}I = \frac{I}{\sqrt{R^2 + \left(\omega L - \frac{1}{\omega C}\right)^2}}e^{\tan^{-1}\frac{\omega L - \frac{1}{\omega C}}{R}} \tag{9.65}$$

となります．

複素電圧 $\dot{V}$ を複素電流 $\dot{I}$ で割ったものを複素インピーダンス $\dot{Z}$ といいます．

$$\dot{Z} = \frac{\dot{V}}{\dot{I}} = R + j\left(\omega L - \frac{1}{\omega C}\right) \tag{9.66}$$

この複素インピーダンスの大きさ $|\dot{Z}|$，および偏角 $\arg\dot{Z}$ はそれぞれ

$$|\dot{Z}| = \sqrt{R^2 + \left(\omega L - \frac{1}{\omega C}\right)^2} \tag{9.67}$$

$$\arg\dot{Z} = \tan^{-1}\frac{\omega L - \dfrac{1}{\omega C}}{R} \tag{9.68}$$

式 (9·59), (9·60) と式 (9·67), (9·68) とを比較すると複素インピーダンスの大きさ $|\dot{Z}|$ は一致し，複素インピーダンスの偏角 $\arg \dot{Z}$ が，電圧 $\dot{V}$ と電流 $\dot{I}$ の位相差に等しいことがわかります．このように，複素インピーダンスを用いると，素子にかかっている電圧と電流の位相差が複素平面上で，実数軸との角度（偏角）で求めることができます．これらの関係を図示すると図 9·9 のようになります．

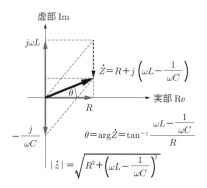

図 9·9 ●合成インピーダンス

例題 9.7

図 9·10 に示すように，抵抗 R [Ω]，インダクタ L [H]，キャパシタ C [F] を並列接続させた．これらに角周波数が ω の複素電圧 $\dot{V} = Ve^{j0}$ を加えた．合成複素インピーダンス $\dot{Z}$ を求め，その大きさ $|\dot{Z}|$ ならびに，偏角 $\arg \dot{Z}$ を求めよ．

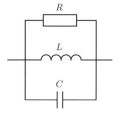

図 9·10 ● R, L, C の並列接続

■答え

並列接続なので合成複素インピーダンスは以下のようになる.

$$\dot{Z} = \cfrac{1}{\cfrac{1}{R} + j\left(-\cfrac{1}{\omega L} + \omega C\right)}$$

$$= \frac{\omega^2 RL^2 + j\omega R^2 L\left(1 - \omega^2 LC\right)}{\omega^2 L^2 + R^2 \left(1 - \omega^2 LC\right)^2}$$

よって,複素インピーダンスの大きさ $|\dot{Z}|$ は

$$|\dot{Z}| = \frac{\sqrt{\left(\omega^2 RL^2\right)^2 + \left(\omega R^2 L\left(1 - \omega^2 LC\right)\right)^2}}{\omega^2 L^2 + R^2 \left(1 - \omega^2 LC\right)^2}$$

$$= \frac{\omega RL}{\sqrt{\omega^2 L^2 + R^2 \left(1 - \omega^2 LC\right)^2}}$$

である.また偏角 $\arg \dot{Z}$ は

$$\arg \dot{Z} = \tan^{-1} \frac{R\left(1 - \omega^2 LC\right)}{\omega L}$$

9·4 電 力

1·4 節では抵抗に直流を流した際の電力を考えました.電力は電圧と電流の積で表されます.電圧 $v(t)$,電流 $i(t)$ がそれぞれ位相差が ϕ であるような正弦波交流である場合を考えます.

$$v(t) = \sqrt{2}V \sin \omega t \tag{9·69}$$

$$i(t) = \sqrt{2}I \sin\left(\omega t + \phi\right) \tag{9·70}$$

このとき電圧 $v(t)$ と電流 $i(t)$ の積である電力 $p(t)$ は以下のようになります.

$$\begin{aligned}
p(t) &= v(t) \cdot i(t) = 2VI \sin \omega t \sin\left(\omega t + \phi\right) \\
&= 2VI \left(\sin^2 \omega t \cos \phi + \sin \omega t \cos \omega t \sin \phi\right) \\
&= VI \left(\left(1 - \cos 2\omega t\right) \cos \phi + \sin 2\omega t \sin \phi\right)
\end{aligned} \tag{9·71}$$

式 (9·71) の電力 $p(t)$ は**瞬間電力**と呼ばれ,表される電力 $p(t)$ は時間 t によって変化します.このため式 (9·71) の電力 $p(t)$ は瞬間電力と呼ばれます.時間 t に

よって値が変化するのは，取扱が容易でありません．そこで交流の一周期分の平均値電力 P_a を求めます．

$$\begin{aligned}P_a &= \frac{1}{T}\int_{t=0}^{T} p(t)dt \\ &= \frac{VI\cos\phi}{T}\int_{t=0}^{T}(1-\cos 2\omega t)\,dt + \frac{VI\sin\phi}{T}\int_{t=0}^{T}\sin 2\omega t dt \\ &= VI\cos\phi \end{aligned} \qquad (9\cdot72)$$

式 (9·72) で表される電力を**平均電力** P_a といいます．平均電力 P_a は電圧 $v(t)$ と電流 $i(t)$ の位相差 ϕ に応じて変化することに注意してください．電圧 $v(t)$ と電流 $i(t)$ の位相差がない場合，すなわち $\phi=0$ のときは

$$P_a = VI\cos 0 = VI\ (位相差 \phi が \phi=0 の場合) \qquad (9\cdot73)$$

となります．電圧 $v(t)$ と電流 $i(t)$ の位相差が $\pi/2$（90°）の場合は

$$P_a = VI\cos\frac{\pi}{2} = 0\ (位相差 \phi が \phi=\pi/2 の場合) \qquad (9\cdot74)$$

となります．平均電力 P_a は $\cos\phi$ の値で変化します．$\cos\phi$ を**力率**とよびます．

式 (9·72) の平均電力 P_a を**有効電力**[*4]P といい，単位はワット（記号：W）です．

$$Q = VI\cos\phi\ [\mathrm{W}] \qquad (9\cdot75)$$

有効電力 P は負荷で実際に消費される電力です．有効電力の大きさが大きいほど，すなわち力率が 1 に近いほど理想的な状態であるといえます．電力料金の計算にはこの有効電力が用いられています．

これに対して，VI に $\sin\phi$ を乗じたものを**無効電力**[*5]Q といい，単位はバール（記号：var）です．

$$Q = VI\sin\phi\ [\mathrm{var}] \qquad (9\cdot76)$$

無効電力 Q は電源と負荷の間を往復するだけで消費されない電力[*6]です．無効電力にはインダクタンスに由来する誘導負荷によって生じる遅れ無効電力と，キャ

[*4] 英語では Effective Power といいます．
[*5] 英語では Reactive Power といいます．
[*6] 式 (9·71) に示した瞬間電力の $\cos\phi$ の項が瞬間有効電力，$\sin\phi$ の項が瞬間無効電力に相当します．この式から有効電力は $(1-\cos 2\omega t)$ が乗じられているので常に正の値で振動し，無効電力は $\sin 2\omega t$ が乗じられているので平均 0 で，行ったり来たりしていることがわかります．

パシタンスに由来する容量負荷によって生じる進み無効電力があります．遅れ無効電力と進み無効電力が等しければ無効電力は 0 になります．無効電力が 0 でであることが理想的な状態です．

また電圧の実効値 V および，電流の実効値 I の積 VI を**皮相電力** S といい，単位はボルト・アンペア（記号：V·A）です．

$$S = VI \text{ [V·A]} \tag{9.77}$$

ここで電圧 $\dot{V}$・電流 $\dot{I}$ が以下のようにフェーザ表現できるとします．

$$\dot{V} = Ve^{j\theta} \tag{9.78}$$

$$\dot{I} = Ie^{j\theta+\phi} \tag{9.79}$$

この電圧 $\dot{V}$ の共役複素数 $\overline{V}$ と電流 $\dot{I}$ の積を複素電力 $\dot{P_c}$ といいます．

$$\dot{P_c} = \overline{V}\dot{I} = Ve^{-j\theta}Ie^{j(\theta+\phi)} = VIe^{j\phi} = VI(\cos\phi + j\sin\phi) \tag{9.80}$$

複素電力 $\dot{P_c}$ と有効電力 P_a，無効電力 Q，皮相電力 S の関係は以下のようになります．

$$\dot{P_c} = \overline{V}\dot{I} = P_a + jQ = VI\cos\phi + jVI\sin\phi \tag{9.81}$$

$$|\dot{P_c}| = \sqrt{P_a^2 + Q^2} = |\dot{V}||\dot{I}| = VI = S \tag{9.82}$$

また力率 $\cos\phi$ は有効電力 P_a と皮相電力 S から以下のように求められます．

$$\cos\phi = \frac{P_a}{S} \tag{9.83}$$

例題 9.8

図 9·11 に示すように抵抗 R, インダクタ L, キャパシタ C を直列に接続し，角周波数 ω，実効値 V の正弦波交流電圧源を接続した．流れる電流と電圧の位相差が 0 となるための条件を求めよ．

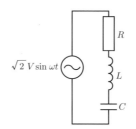

図 9·11 ● R, L, C の直列接続に角周波数 ω，実効値 V の正弦波交流電圧源を接続

■答え

このときの複素インピーダンス $\dot{Z}$ は

$$\dot{Z} = R + j\omega L - \frac{j}{\omega C} = R + j\frac{\omega^2 LC - 1}{\omega C} \tag{9·84}$$

となる．電圧と電流の位相差が 0 となるためには，この複素インピーダンス $\dot{Z}$ の虚数部が 0 となればよい．よって電源の角周波数が

$$\omega = \frac{1}{\sqrt{LC}} \tag{9·85}$$

を満足すれば，虚数部は 0 となる．

① 30 Ω の抵抗 R と 250 mH (0.25 H) のインダクタ L の直列回路に振幅 40 V,周波数 60 Hz の正弦波交流電圧源を接続したとき,抵抗 R を流れる電流 I の振幅,電流 I と電圧源電圧との位相差を求めよ. (20 点 = 10 点×2)

② ある回路に複素電圧 $\dot{V}=60+j80$ [V] を加えたとき,$\dot{I}=8+j6$ [A] の複素電流 $\dot{I}$ が流れた.この回路の複素インピーダンス $\dot{Z}$,皮相電力 S,有効電力 P,無効電力 Q,力率 $\cos\phi$ を求めよ. (40 点 = 8 点×5)

③ ある負荷に $v(t)=100\sqrt{2}\sin(100\pi t+\pi/6)$ [V] の瞬間電圧を加えたとき,$i(t)=25\sqrt{2}\sin(100\pi t-\pi/6)$ [A] の瞬間電流が流れた.この負荷の複素インピーダンス $\dot{Z}$ および複素アドミタンス $\dot{Y}$,および負荷の皮相電力 S,有効電力 P_a,無効電力 Q,力率 $\cos\phi$ を求めよ. (40 点 = 8 点×5)

10章 交流でも直流と同じ性質
―交流回路の諸定理―

6章で直流電気回路で有用な「重ねの理」「テブナンの定理」「交流ブリッジ」などの諸定理を学びました．本章では，これらの定理が交流電気回路でも成り立つことをみていきましょう．また交流電気回路特有の「共振」についても学びます．

10·1 重ねの理

すでに6章で学んだように，回路内に複数の電源が存在するとき，任意に選んだ点を流れる電流 I_i，もしくは任意に選んだ2点間の電圧 V_{jk} は，一つひとつの電源が単独で接続した場合の電流，電圧の和に等しくなる場合，この回路は「重ねの理」が成り立つといいます．線形回路であれば「重ねの理」が成り立ちます．

6章ではすべての電源が直流で，すべての負荷が抵抗である場合を考えましたが，電源が交流電源で，負荷が抵抗，インダクタ，キャパシタである場合も，線形回路であれば直流回路と同様に「重ねの理」が成り立ちます．

複数の電源から一つの電源に着目する際，ほかの電源を取り除きますが，電圧源は短絡，電流源は開放して考えます[*1]．たとえば図10·1の回路のように複素電圧 $\dot{V}$ [V] の交流電圧源と複素電流 $\dot{I}$ [A] の交流電流源が含まれる回路で，インピーダンス $\dot{Z}_2$ [Ω] の負荷に流れる電流 $\dot{i}$ を考えます．このとき図10·1の下図にあるように，電圧源を短絡した際に負荷を流れる電流を $\dot{i}_1$，電流源を開放した場合に負荷に流れる電流を $\dot{i}_2$ とすると

$$\dot{i} = \dot{i}_1 + \dot{i}_2 \tag{10·1}$$

が線形回路であれば成り立ちます．

[*1] 電圧源は，電流がどのような値であっても電圧を一定に保つ装置ですから，電圧源を取り除くとは 0V の電圧源と同じ意味です．0V の電圧源は短絡することに相当します．電流源は，電圧がどのような値であっても電流を一定に保つ装置ですから，電流源を取り除くとは 0A の電流源と同じ意味です．0A の電流源は開放することに相当します．

交流でも直流と同じ性質 ――交流回路の諸定理――

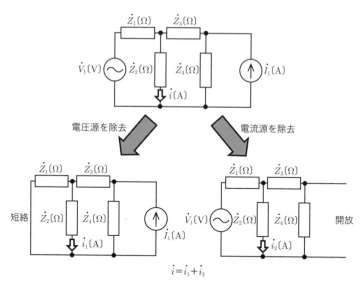

図 10·1 ●交流回路の重ね合わせの理

例題 10.1

図 10·1 に示した回路でインピーダンス $\dot{Z}_2$ [Ω] の負荷に流れる電流 i を求めよ.

■答え

まず，電圧源を短絡した際にインピーダンス $\dot{Z}_2$ [Ω] の負荷に流れる電流 i_1 を求める．電流源の電流 $\dot{I}_1$ は $\dot{Z}_4$ のインピーダンスの負荷を流れる電流と $\dot{Z}_1$, $\dot{Z}_2$, $\dot{Z}_3$ の負荷の合成インピーダンスを流れる電流に分流する．$\dot{Z}_1$, $\dot{Z}_2$, $\dot{Z}_3$ の負荷の合成インピーダンス $\dot{Z}_{123}$ は

$$\dot{Z}_{123} = \frac{\dot{Z}_1 \dot{Z}_2}{\dot{Z}_1 + \dot{Z}_2} + \dot{Z}_3 \tag{10·2}$$

となる．合成インピーダンス $\dot{Z}_{123}$ の負荷を流れる電流 i_{123} は

$$\dot{i}_{123} = \dot{I}_1 \frac{\dot{Z}_4}{\dot{Z}_{123} + \dot{Z}_4} = \dot{I}_1 \frac{\dot{Z}_4}{\frac{\dot{Z}_1 \dot{Z}_2}{\dot{Z}_1 + \dot{Z}_2} + \dot{Z}_3 + \dot{Z}_4}$$

$$= \dot{I}_1 \frac{(\dot{Z}_1 + \dot{Z}_2) \dot{Z}_4}{\dot{Z}_1 \dot{Z}_2 + (\dot{Z}_1 + \dot{Z}_2)(\dot{Z}_3 + \dot{Z}_4)} \tag{10·3}$$

である．この電流 $\dot{i}_{123}$ が，インピーダンス $\dot{Z}_1$ とインピーダンス $\dot{Z}_2$ の負荷でさらに分流する．したがって，求める電流 $\dot{i}_1$ は

$$\begin{aligned}\dot{i}_1 &= \dot{i}_{123}\frac{\dot{Z}_1}{\dot{Z}_1+\dot{Z}_2} \\ &= \dot{I}_1\frac{\dot{Z}_1\dot{Z}_4}{(\dot{Z}_1+\dot{Z}_4)\{\dot{Z}_1\dot{Z}_2+(\dot{Z}_1+\dot{Z}_2)(\dot{Z}_3+\dot{Z}_4)\}}\end{aligned} \qquad (10\cdot 4)$$

である．

次に電流源を開放した場合に負荷に流れる電流 $\dot{i}_2$ を求める．電圧源の電圧 $\dot{V}_1$ は $\dot{Z}_1$ のインピーダンスの負荷と $\dot{Z}_2$, $\dot{Z}_3$, $\dot{Z}_4$ の負荷の合成インピーダンス $\dot{Z}_{234}$ で分圧する．$\dot{Z}_2$, $\dot{Z}_3$, $\dot{Z}_4$ の負荷の合成インピーダンス $\dot{Z}_{234}$ は以下のようになる．

$$\dot{Z}_{234} = \frac{\dot{Z}_2(\dot{Z}_3+\dot{Z}_4)}{\dot{Z}_2+\dot{Z}_3+\dot{Z}_4} \qquad (10\cdot 5)$$

$\dot{Z}_{234}$ の合成インピーダンス部分には電源電圧 $\dot{V}_1$ が分圧され，次の電圧 $\dot{V}_{234}$ がかかっている．

$$\dot{V}_{234} = \dot{V}_1\frac{\dot{Z}_{234}}{\dot{Z}_1+\dot{V}_{234}} = \dot{V}_1\frac{\dot{Z}_2(\dot{Z}_3+\dot{Z}_4)}{\dot{Z}_1(\dot{Z}_2+\dot{Z}_3+\dot{Z}_4)+\dot{Z}_2(\dot{Z}_3+\dot{Z}_4)} \qquad (10\cdot 6)$$

したがって，求める電流 $\dot{i}_2$ は

$$\dot{i}_2 = \frac{\dot{V}_{234}}{\dot{Z}_2} = \dot{V}_1\frac{\dot{Z}_3+\dot{Z}_4}{\dot{Z}_1(\dot{Z}_2+\dot{Z}_3+\dot{Z}_4)+\dot{Z}_2(\dot{Z}_3+\dot{Z}_4)} \qquad (10\cdot 7)$$

である．

この回路は線形回路であるとすると，「重ねの理」が成り立つので，インピーダンス $\dot{Z}_2$ [Ω] の負荷に流れる電流 $\dot{i}$ は $\dot{i}_1$ と $\dot{i}_2$ を加えたものである．よって

$$\begin{aligned}\dot{i} &= \dot{i}_1 + \dot{i}_2 \\ &= \dot{I}_1\frac{(\dot{Z}_1+\dot{Z}_2)\dot{Z}_1\dot{Z}_4}{(\dot{Z}_1+\dot{Z}_2)\{\dot{Z}_1\dot{Z}_2+(\dot{Z}_1+\dot{Z}_2)(\dot{Z}_3+\dot{Z}_4)\}} \\ &\quad + \dot{V}_1\frac{\dot{Z}_3+\dot{Z}_4}{\dot{Z}_1(\dot{Z}_2+\dot{Z}_3+\dot{Z}_4)+\dot{Z}_2(\dot{Z}_3+\dot{Z}_4)}\end{aligned} \qquad (10\cdot 8)$$

がインピーダンス $\dot{Z}_2$ [Ω] の負荷に流れる電流 $\dot{i}$ である．

10·2 テブナンの定理

6章では直流回路でのテブナンの定理を学びました．この定理は線形回路であれば交流回路でも成り立ちます．

図10·2 の左図のように内部に電源を含む回路から出ている 1–1′ のような 1 組の端子対に着目します．1–1′ を開放した際の電位差を E [V] とします．また内部に含まれる電源をすべて 0，すなわち重ねの理のときと同様に，電圧源は短絡させ，電流源は開放したときの，1–1′ 間の内部インピーダンスを $\dot{Z}_i$ とします．このとき，この線形回路は図 10·2 の右側図のように，$\dot{Z}_i$ [Ω] の内部インピーダンスをもった出力電圧が $\dot{E}$ [V] の1個の電圧源に書き直すことができます．すなわち，図 10·2 の右側の回路は左側の回路と等価であるといいます．このため図 10·2 の右側の電源回路は**テブナンの等価電源**と呼ばれます．

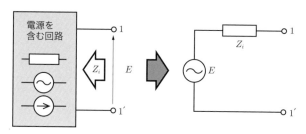

図 10·2 ● 交流回路のテブナンの定理

1–1′ 間にインピーダンスが $\dot{Z}$ [Ω] の負荷を接続したとき，負荷に流れる電流 $\dot{I}$ は

$$\dot{I} = \frac{\dot{E}}{\dot{Z}_i + \dot{Z}} \ [\mathrm{A}] \tag{10·9}$$

となります．

交流回路でのテブナンの定理は直流回路の場合と同様に「重ねの理」を用いて証明することができます

ここでテブナンの定理により，**図10·3** に示すように $\dot{Z}_i = R_i + jX_i$ [Ω] の内部インピーダンスをもった $\dot{E} = E$ [V] のテブナンの等価電圧源に $\dot{Z}_0 = R_0 + jX_0$ の負荷インピーダンスを接続した場合を考えます．このとき，負荷にかかる電圧 $\dot{V}$ は

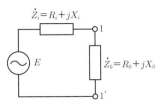

図 10·3 ●最大電力条件

$$\dot{V} = \frac{\dot{Z}_0}{\dot{Z}_i + \dot{Z}_0} E$$
$$= \frac{E(R_0 + jX_0)}{(R_i + R_0) + j(X_i + X_0)} \ [\text{V}] \tag{10·10}$$

です．また負荷を流れる電流 $\dot{I}$ は

$$\dot{I} = \frac{E}{\dot{Z}_i + \dot{Z}_0}$$
$$= \frac{E}{(R_i + R_0) + j(X_i + X_0)} \ [\text{A}] \tag{10·11}$$

です．したがって負荷での複素電力 $\dot{P}_c$ は

$$\dot{P}_c = \dot{V}\bar{I} = \frac{E(R_0 + jX_0)}{(R_i + R_0) + j(X_i + X_0)} \cdot \frac{E}{(R_i + R_0) - j(X_i + X_0)}$$
$$= \frac{E^2(R_0 + jX_0)}{(R_i + R_0)^2 + (X_i + X_0)^2} \tag{10·12}$$

となります．

複素電力 $\dot{P}_c$ と有効電力 P_a，無効電力 Q の関係は

$$\dot{P}_c = P_a + jQ \tag{10·13}$$

ですから，負荷で消費する電力である有効電力 P_a は

$$P_a = \text{Re } \dot{P}_c = \frac{E^2 R_0}{(R_i + R_0)^2 + (X_i + X_0)^2} \tag{10·14}$$

となります．R_i と R_0 は正の値であるため，有効電力 P_a を最大にするためには，まず

$$X_0 = -X_i \tag{10·15}$$

でなければなりません．この条件を満足したうえで，P_a が最大となるための条件を考えてみます．

$X_0 = -X_i$ のとき P_a は

$$P_a = \frac{E^2 R_0}{(R_i + R_0)^2} \tag{10.16}$$

となります．P_a が最大となるということは，その逆数 $1/P_a$ が最小になります．$1/P_a$ は

$$\frac{1}{P_a} = \frac{(R_i + R_0)^2}{E^2 R_0} = \frac{1}{E^2}\left\{\frac{(R_i^2 - 2R_i R_o + R_0^2) + 4R_i R_o}{R_0}\right\}$$
$$= \frac{1}{E^2}\left\{\frac{(R_i - R_0)^2}{R_0} + 4R_i\right\} \tag{10.17}$$

と変形できます．この式から $R_0 = R_i$ のとき，$1/P_a$ は最小値 $4R_i/E^2$ となります．

以上から負荷 $\dot{Z}_0 = R_0 + jX_0$ が内部インピーダンス $\dot{Z}_i = R_i + jX_i$ に対して，$R_0 = R_i$，$X_0 = -X_i$，すなわち $\dot{Z}_0 = \bar{\dot{Z}}_i$ で負荷と内部インピーダンスとが共役複素数の関係であるときに消費電力が最大となります．そのときの消費電力 P_a は

$$P_a = \frac{E^2}{4R_i} \tag{10.18}$$

となります．

図 10·4 でインピーダンスが $\dot{Z}_0$ [Ω] の負荷を流れる電流 $\dot{I}$ を求めよ.

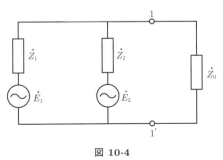

図 10·4

■答え

テブナンの定理を用いて解くため，1–1′ に接続しているインピーダンス $\dot{Z}_0$ の負荷を取り除く．まず，1–1′ 間の電位差を求める．1′ の電位を基準として考えると 1 の電位 $\dot{E}$ は

$$\dot{E} = \left(\dot{E}_1 - \dot{E}_2\right) \frac{\dot{Z}_2}{\dot{Z}_1 + \dot{Z}_2} + \dot{E}_2 = \frac{\dot{Z}_2 \dot{E}_1 + \dot{Z}_1 \dot{E}_2}{\dot{Z}_1 + \dot{Z}_2} \tag{10·19}$$

となる．これが 1–1′ 間の開放電位である．

次に内部インピーダンス $\dot{Z}_i$ を求める．回路内の電源をすべて 0 にするため，電圧源はすべて短絡させる．このとき，内部インピーダンス $\dot{Z}_i$ は

$$\dot{Z}_i = \frac{\dot{Z}_1 \dot{Z}_2}{\dot{Z}_1 + \dot{Z}_2} \tag{10·20}$$

である．

以上からテブナンの等価電源は内部インピーダンスが $\dot{Z}_i = (\dot{Z}_1 \dot{Z}_2)/(\dot{Z}_1 + \dot{Z}_2)$ である，$\dot{E} = (\dot{Z}_2 \dot{E}_1 + \dot{Z}_1 \dot{E}_2)/(\dot{Z}_1 + \dot{Z}_2)$ の電圧源となる．これにインピーダンス $\dot{Z}_0$ の負荷が接続しているので，求める負荷を流れる電流 $\dot{I}$ は

$$\dot{I} = \frac{\dot{E}}{\dot{Z}_i + \dot{Z}_0} = \frac{\dot{Z}_2 \dot{E}_1 + \dot{Z}_1 \dot{E}_2}{\dot{Z}_1 \dot{Z}_2 + \dot{Z}_0 \left(\dot{Z}_1 + \dot{Z}_2\right)} \tag{10·21}$$

10·3 交流ブリッジ

図 10·5 のように四つの負荷をひし形に組み，節点 a と節点 b を電源に，そして節点 c と節点 d の間に検流計を配置した回路を**ブリッジ回路**[*2]と呼びます．このようなブリッジ回路で c–d 間の検流計に電流が流れなくなる状態を「ブリッジが平衡状態になった」といいます．c–d 間で電流が流れない平衡状態は，節点 c と節点 d の電位が等しい状態です．この平衡状態になるための条件を**ブリッジの平衡条件**といいます．ブリッジの平衡条件は以下の式で表されます．

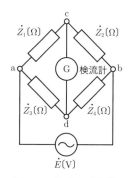

図 10·5 ●ブリッジ回路

$$\dot{Z}_1 \dot{Z}_4 = \dot{Z}_2 \dot{Z}_3 \tag{10·22}$$

式 (10·22) が成り立てば，ブリッジは平衡状態になります．

平衡状態のとき節点 c と節点 d の電位が等しくなるため，c–d 間をどのように接続しても電流は流れず，回路に影響を与えません．

例題 10.3

図 10·6 に示す回路[*3]で瞬間電圧が $V \sin \omega t$ で表される電源を a–d 間に接続したとき，c–d 間のインピーダンス $\dot{Z}$ の負荷を流れる電流 $\dot{I}$ が 0 となる条件を求めよ．

[*2] ブリッジ回路は計測に使用されることが多い回路ですが，電源回路や，発振回路にも用いられています．

[*3] 図 10·6 に示すブリッジ回路は，マクスウェルブリッジと呼ばれます．

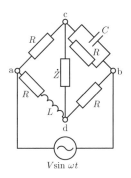

図 10·6 ●マクスウェルブリッジ

■答え

電圧源の角周波数が ω であることから，a–d 間のインピーダンス $\dot{Z}_{ad}$，および c–b 間のインピーダンス $\dot{Z}_{cb}$ はそれぞれ

$$\dot{Z}_{ad} = R + j\omega L$$
$$\dot{Z}_{cb} = \frac{R}{1 + j\omega CR}$$

である．

c–d 間のインピーダンス $\dot{Z}$ の負荷を流れる電流 $\dot{I}$ が 0 となるためには，ブリッジの平衡条件を満足すればよい．すなわち

$$\begin{aligned}R^2 &= \left(\frac{R}{1+j\omega CR}\right)(R+j\omega L)\\ &= \frac{R\left\{(R+\omega^2 LRC) + j\omega\left(L - R^2C\right)\right\}}{1+\omega^2 R^2 C^2}\end{aligned} \qquad (10\cdot 23)$$

を満足すればよい．

式 (10·23) の左辺は実数であるので，この等式が成り立つためには右辺の虚数部が 0 でなければならない．したがって

$$L - R^2 C = 0$$
$$L = R^2 C$$
$$R = \sqrt{\frac{L}{C}} \qquad (10\cdot 24)$$

が c–d 間のインピーダンス $\dot{Z}$ の負荷を流れる電流 $\dot{I}$ が 0 となる条件である．

10·4 共振

交流回路のインピーダンス $\dot{Z}$ は角周波数 ω の値によって変化します．たとえば図 10·7 のように抵抗 R，インダクタ L，キャパシタ C が直列に接続し，電源に実効値 V，角周波数 ω の正弦波交流電圧源を接続した場合，合成インピーダンス $\dot{Z}$ は

$$\dot{Z} = R + j\left(\omega L - \frac{1}{\omega C}\right) \tag{10·25}$$

となります．式 (10·25) の合成インピーダンス $\dot{Z}$ のうち，R は角周波数 ω によらず変化しませんが，虚数部 $j(\omega L - 1/\omega C)$ は角周波数 ω によって変化します．このため，この回路に流れる電流 $\dot{I}$ も変化します．

$$\dot{I} = \frac{V}{\dot{Z}} \tag{10·26}$$

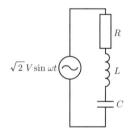

図 10·7 ●直列共振回路

この電流の大きさ $|\dot{I}|$ は

$$|\dot{I}| = \frac{V}{\sqrt{R^2 + \left(\omega L - \frac{1}{\omega C}\right)^2}} \tag{10·27}$$

です．
特に

$$\omega = \frac{1}{\sqrt{LC}} \tag{10·28}$$

のときに合成インピーダンス $\dot{Z}$ の虚数部は 0[*4] になります．この状態を**共振**といい，このときの角周波数 ω を**共振周波数** ω_0 といいます．また，共振状態が発生

[*4] L と C の電位が互いに打ち消し合う状態です．これは L と C の間で蓄えられるエネルギーが行き来し，外部からみるとエネルギーが消費されていないように見えます．

する回路を**共振回路**[*5]といいます．図 10·7 に示した回路は**直列共振回路**と呼ばれます．

共振状態のとき，流れる電流の大きさ $|\dot{I}|$ は

$$|\dot{I}| = \frac{V}{R} \tag{10·29}$$

で，最大となります．

角周波数 ω によって電流の大きさ $|\dot{I}|$ がどのように変化するかを，電流の最大値を I_0 として図示すると**図 10·8** のようになります．角周波数が $\omega_0 = 1/\sqrt{LC}$ のとき，電流は最大値 I_0 となります．このときの角周波数を**共振角周波数** ω_0 といいます．また流れる電流の大きさが最大値 I_0 の $1/\sqrt{2}$ 倍[*6]となる低い角周波数を ω_1，高い角周波数を ω_2 としたとき，$\omega_2 - \omega_1$ を**半値幅**[*7]といいます．この半値幅の鋭さの度合いを表す値のことを回路の Q 値といい，値が大きいほど半値幅が鋭いことを意味します．Q 値は以下の式 (10·30) で定義されます．

$$Q = \frac{\omega_0}{\omega_2 - \omega_1} \tag{10·30}$$

この Q 値は共振回路の周波数選択性の度合いを表します．

たとえば図 10·7 の直列共振回路の場合，合成インピーダンスは

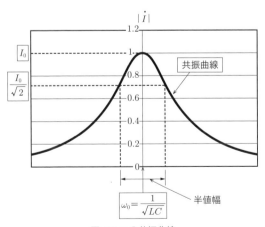

図 10·8 ●共振曲線

[*5] 共振回路は通信機器の受信機の選局回路などに用いられます．
[*6] 電流が $1/\sqrt{2}$ 倍になると，そのときの消費電力は半分になります．
[*7] 「共振幅」ともいいます．

$$\dot{Z} = R + j\left(\omega L - \frac{1}{\omega C}\right) \tag{10.31}$$

ですので，合成インピーダンス $\dot{Z}$ の虚数部が 0 となる角周波数が共振周波数 ω_0 となります．

$$\omega_0 L - \frac{1}{\omega_0 C} = 0$$
$$\omega_0 = \frac{1}{\sqrt{LC}} \tag{10.32}$$

半値幅を与える角周波数 ω_1, ω_2 は虚数部の絶対値が R となる角周波数です．$\omega_2 > \omega_1$ より，ω_1 は以下のように求められます．

$$\omega_1 L - \frac{1}{\omega_1 C} = -R$$
$$\omega_1^2 + \omega_1 \frac{R}{L} - \frac{1}{LC} = 0$$
$$\omega_1 = -\frac{R}{2L} \pm \frac{1}{2}\sqrt{\frac{R^2}{L^2} + \frac{4}{LC}}$$

$\omega_1 > 0$ であることから

$$\omega_1 = -\frac{R}{2L} + \frac{1}{2}\sqrt{\frac{R^2}{L^2} + \frac{4}{LC}} \tag{10.33}$$

となります．

同様に ω_2 は以下のようになります．

$$\omega_2 L - \frac{1}{\omega_2 C} = R$$
$$\omega_2^2 - \omega_2 \frac{R}{L} - \frac{1}{LC} = 0$$
$$\omega_2 = \frac{R}{2L} \pm \frac{1}{2}\sqrt{\frac{R^2}{L^2} + \frac{4}{LC}}$$

$\omega_2 > 0$ であることから

$$\omega_2 = \frac{R}{2L} + \frac{1}{2}\sqrt{\frac{R^2}{L^2} + \frac{4}{LC}} \tag{10.34}$$

となります．

したがって

$$\omega_2 - \omega_1 = \frac{R}{L} \tag{10.35}$$

式 (10·32) および (10·35) より Q 値は

$$Q = \frac{\omega_0}{\omega_2 - \omega_1} = \frac{1}{R}\sqrt{\frac{L}{C}} \tag{10.36}$$

となります．式 (10·36) より，インダクタンス L を大きくして，キャパシタンス C，抵抗 R を小さくすることで Q 値は大きくなることがわかります．

例題 10.4

図 10·9 に示す，抵抗 R，インダクタ L，キャパシタ C の並列回路の共振角周波数 ω_0 を求めよ．またこの回路の Q 値を求めよ．

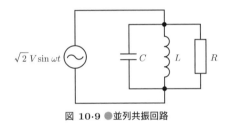

図 10·9 ●並列共振回路

■答え

図 10·9 の抵抗 R，インダクタ L，キャパシタ C の合成アドミタンス $\dot{Y}$ は

$$\dot{Y} = \frac{1}{R} + j\left(\omega C - \frac{1}{\omega L}\right) \tag{10.37}$$

である．虚数部が 0 となる角周波数が共振角周波数 ω_0 であるので，共振角周波数 ω_0 は

$$\omega_0 C - \frac{1}{\omega_0 L} = 0$$

$$\omega_0 = \frac{1}{\sqrt{LC}} \tag{10.38}$$

である．また共振幅は式 (10·37) から虚数部が $\pm 1/R$ に等しくなる角周波数から求まる．

$$\omega_1 = -\frac{1}{2RC} + \frac{1}{2}\sqrt{\frac{1}{R^2C^2} + \frac{4}{LC}}$$

$$\omega_2 = \frac{1}{2RC} + \frac{1}{2}\sqrt{\frac{1}{R^2C^2} + \frac{4}{LC}}$$

したがって Q 値は

$$Q = \frac{\omega_0}{\omega_2 - \omega_1} = R\sqrt{\frac{C}{L}} \tag{10.39}$$

となる.

正解したら
チェック！

① 図 **10·10** に示す回路の共振角周波数 ω_0 と，この回路の Q 値を求めよ． (40 点)

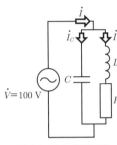

図 **10·10** ●共振回路

② 図 **10·11** の回路でインダクタ L を流れる電流 $\dot{I}_L$ を求めよ． (30 点)

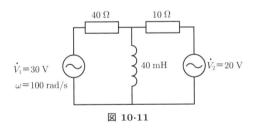

図 **10·11**

③ **図 10·12** の回路でインピーダンスが $\dot{z}$ の負荷を流れる電流 $\dot{I}$ が 0 となるときの電源の角周波数 ω_0 を求めよ. (30 点)

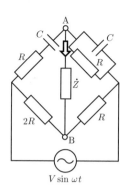

図 10·12 ●ウィーンブリッジ回路

練習問題解答

● 1章　電気の基本は直流回路—電流・電圧・抵抗—

①
- (1) $v_1 = ir = 4\,\text{A} \times 2\,\Omega = 8\,\text{V}$
- (2) $v_2 = i/g = 4\,\text{A}/2\,\text{S} = 2\,\text{V}$
- (3) $v_3 = ir = -6\,\text{A} \times 3\,\Omega = -18\,\text{V}$
- (4) $v_4 = i/g = -6\,\text{A}/3\,\text{S} = -2\,\text{V}$
- (5) $v_5 = ir = -5\,\text{A} \times 5\,\Omega = -25\,\text{V}$
- (6) $v_6 = i/g = -5\,\text{A}/5\,\text{S} = -1\,\text{V}$

②
- (1) $i_1 = v/r = 10\,\text{V}/5\,\Omega = 2\,\text{A}$
- (2) $i_2 = vg = 10\,\text{V} \times 5\,\text{S} = 50\,\text{A}$
- (3) $i_3 = v/r = -(10\,\text{V}/2\,\Omega) = -5\,\text{A}$

③
- (1) $r_1 = v/i = 6\,\text{V}/2\,\text{A} = 3\,\Omega$
- (2) $g_2 = i/v = 6\,\text{A}/2\,\text{V} = 3\,\Omega$
- (3) $r_3 = v/i = -4\,\text{V}/(-2\,\text{A}) = 2\,\Omega$

④

$P = vi = i^2 r = 0.3^2 \times (40 \times 10^3) = 3\,600\,\text{W} = 3.6\,\text{kW}$

⑤

$P = vi = v^2/r = 12^2/(6 \times 10^3) = 0.024\,\text{W} = 24\,\text{mW}$

⑥

$i = P/v = 10/20 = 0.5\,\text{A}$

● 2章 回路中の電流・電圧の関係—キルヒホッフの法則—

①

キルヒホッフの電流則は「回路の任意の（節点に流れ込む電流）の総和は 0 である」という法則で，アルファベット 3 文字の略称は（KCL）である．また，キルヒホッフの電圧則は「回路の任意の（閉路における電圧）の総和は 0 である」という法則で，アルファベット 3 文字の略称は（KVL）である．

---

②

ヒントに示したとおり，この問題の図には，白丸で示した二つの節点があるが，これらは，直接接続されているため，電位の等しい節点となる．このため，二つの節点を，次の図に示すように，一つの節点にまとめて KCL の式を立てる．

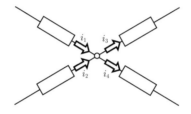

この図から明らかなように，節点に流入する電流は，$i_1 + i_2$，節点から流出する電流は，$i_3 + i_4$ となる．したがって，KCL の式は，$i_1 + i_2 - (i_3 + i_4) = 0$，あるいは，$i_1 + i_2 - i_3 - i_4 = 0$ となる．

---

③

この図も前問と同様，二つの節点を，一つの節点にまとめて KCL の式を立てる．節点に流入する電流は，$i_1 + i_3$，節点から流出する電流は，$i_2 + i_4$ となることから，KCL の式は，$i_1 + i_3 - (i_2 + i_4) = 0$，あるいは，$i_1 - i_2 + i_3 - i_4 = 0$ となる．

---

④

一見複雑そうに見えるが，この図も前問と同様，すべての節点を，次の図に示すように，一つの節点にまとめることができる．

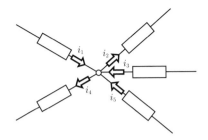

　この図から明らかなように，節点に流入する電流は，$i_1 + i_3 + i_5$，節点から流出する電流は，$i_2 + i_4$ となることから，KCL の式は，$i_1 + i_3 + i_5 - (i_2 + i_4) = 0$，あるいは，$i_1 - i_2 + i_3 - i_4 + i_5 = 0$ となる．

⑤
節点 n_1 に流入する電流は，$i_b + i_c$，節点 n_1 から流出する電流は，i_a であることから，節点 n_1 の KCL の式は，$-i_a + i_b + i_c = 0$ となる．次に，節点 n_2 では，v_a〔V〕の抵抗を挟んで，i_a〔A〕と同じ電流が，節点 n_2 に流れ込むことに留意して，節点 n_2 の KCL は，$i_a - i_d - i_e = 0$ と求まる．ほかの節点の KCL も同様に，節点 n_3：$-i_b - i_f = 0$，節点 n_4：$-i_c + i_d + i_f - i_g = 0$，節点 n_5：$i_e + i_g = 0$ と求まる．

⑥
　この図で表される回路の KCL は，$i_1 - i_2 + i_3 - i_4 + i_5 = 0$ となることから，これに，$i_1 = 2$ A，$i_2 = 3$ A，$i_3 = 4$ A，$i_4 = 6$ A を代入して，$2 - 3 + 4 - 6 + i_5 = 0$．したがって，$i_5 = 3$ A と求まる．

⑦
　1 章で学んだオームの法則を用いて，$i_1 = E_1/R_1 = 4/2 = 2$ A，$i_2 = E_2/R_2 = 12/3 = 4$ A と求まる．また，電流 i_1 と i_2 が流れ込む節点の KCL は，$i_1 + i_2 - i_3 = 0$ と表されることから，$i_3 = 2 + 4 = 6$ A と求まる．

⑧
　次の図のように閉路を設定し，この閉路に流れる電流を i〔A〕とおいて，閉路の KVL の式を立てる．

163

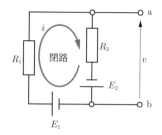

この解答例では，閉路を右回りに設定したため，R_1 と R_2 の抵抗の部分は，閉路の向きに対して電圧が降下する部分，E_1 と E_2 の電圧源は，閉路の向きに対して，電圧が上昇する部分，となる．したがって，KVL の式は，$R_1 \times i + R_2 \times i = E_1 + E_2$ となる．これに，値を代入して，$5\,\mathrm{k\Omega} \times i\,[\mathrm{A}] + 35\,\mathrm{k\Omega} \times i\,[\mathrm{A}] = 4\,\mathrm{V} + 12\,\mathrm{V}$．これより，$i = 16/40\,000 = 0.4\,\mathrm{mA}$ と求まる．最後に，$35\,\mathrm{k\Omega}$ の抵抗の電圧降下，$35\,\mathrm{k\Omega} \times 0.4\,\mathrm{mA} = 14\,\mathrm{V}$ から，電圧源の電圧上昇分 $12\,\mathrm{V}$ を引いて，端子 ab 間の電位差 $v = 14 - 12 = 2\,\mathrm{V}$ が求まる．

⑨
それぞれの端子のプラス，マイナスの方向と閉路の向きに注意して，それぞれの閉路の KVL が，次のように求まる：閉路 I：$-v_b + v_c + v_f = 0$，閉路 II：$-v_a - v_c - v_d = 0$，閉路 III：$v_d - v_e + v_g = 0$

⑩
たとえば，右回りの閉路を設定すると，次のように KVL の式を立てることができる．$R_1 i_1 + R_2 i_2 + v_3 = E_1 + E_2$．これに値を代入して，$1\,\Omega \times 2\,\mathrm{A} + 2\,\Omega \times 3\,\mathrm{A} + v_3 = 4\,\mathrm{V} + 6\,\mathrm{V}$．したがって，$v_3 = 2\,\mathrm{V}$ と求まる．

●3章　回路を効率よく解いてみよう─回路方程式─

①
閉路方程式とは，キルヒホッフの電圧則（KVL）を用いて，回路の中の閉路に流れる電流の関係を表す方程式である．

② 次の手順のとおり：
手順1：電流源を除いた閉路の設定
手順2：電流源を含めた閉路の設定
手順3：電流源を除いた閉路方程式を立てる
手順4：電流源を含む閉路方程式を立てる
手順5：連立方程式を解く

③ 節点方程式とは，キルヒホッフの電流則（KCL）を用いて，回路の中の節点の電圧を求める方程式である．

④ 手順1の「電圧の設定」の際に，電圧源の片側も新たな節点として，電圧を設定すること．

⑤ 電流源を含まない基本的な回路で，既に閉路が設定されているので，それぞれの閉路に対して，「電圧降下の総和 = 電圧上昇の総和」の形式で KVL の方程式を立てる．ここで，左の閉路（閉路 I）の電圧降下は，R_1 [Ω] と R_2 [Ω] の抵抗に i_1 [A] の電流が流れ，R_2 [Ω] の抵抗には，考える向き（ここでは右回り）と逆向きの i_2 [A] の電流が流れていることから式を立てる．同様に，右の閉路（閉路 II）の電圧降下は，R_2 [Ω] と R_3 [Ω] の抵抗に i_2 [A] の電流が流れ，R_2 [Ω] の抵抗には，考える向き（ここでは右回り）と逆向きの i_1 [A] の電流が流れていることから式を立てる．また，閉路 I の電圧上昇は，電圧を上昇させる電圧源の向きが，閉路の考える向きと同じなのでプラス，閉路 II の電圧上昇は，電圧を上昇させる電圧源の向きが，閉路の考える向きと逆なのでマイナスとなる．これを式でまとめると，次の閉路方程式を立てることができる．

$$\begin{cases} (R_1+R_2)i_1 \quad\quad -R_2 i_2 = \quad E_1 & \text{(閉路 I)} \\ -R_2 i_1 + (R_2+R_3)i_2 = -E_2 & \text{(閉路 II)} \end{cases}$$

⑥ 電流源を含む回路で，既に閉路が設定されているので，電流源を含まない左側（閉路 I）と真ん中（閉路 II）の閉路に対する閉路方程式を立て，さらに電流源を含

む右側（閉路 III）の閉路方程式を立てる．

$$\begin{cases} (R_1+R_2)i_1 \quad\quad\quad\quad -R_2 i_2 \quad\quad\quad = E & \text{(閉路 I)} \\ \quad\quad -R_2 i_1 +(R_2+R_3+R_4)i_2 -R_4 i_3 = 0 & \text{(閉路 II)} \\ \quad\quad\quad\quad\quad\quad\quad\quad\quad\quad\quad i_3 = I & \text{(閉路 III)} \end{cases}$$

⑦
電流源を含む回路で，閉路が設定されていないので，はじめに，電流源を除いたすべての素子を含む閉路を設定する．たとえば，次の図の閉路 I と閉路 II のように設定できる．続いて，電流源を含む閉路 III を図のように設定する．

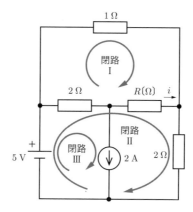

それぞれの閉路に対して，次の閉路方程式を立てることができる．

$$\begin{cases} (2+1+R)i_1 \quad\quad -(2+R)i_2 -2i_3 = 0 & \text{(閉路 I)} \\ -(2+R)i_1 +(2+R+2)i_2 +2i_3 = 5 & \text{(閉路 II)} \\ \quad\quad\quad\quad\quad\quad\quad\quad\quad i_3 = 2 & \text{(閉路 III)} \end{cases}$$

これらの連立方程式に $R=2$ を代入することにより，$i_1 = 2\,\text{A}$，$i_2 = 3/2\,\text{A}$ と求まり，結局，抵抗 R を流れる電流は，$i = i_2 - i_1 = -1/2\,\text{A}$ と求めることができる．

⑧
電圧源を含まない基本的な回路なので，例題 3.3 と同様に，次の節点方程式を立てることができる．

$$\begin{cases} (2+4)v_a -4v_b = 5 & \text{(節点 a)} \\ (4+3)v_b -4v_a = 1 & \text{(節点 b)} \end{cases}$$

連立方程式を解くことにより，$v_a = 3/2\,\text{V}$, $v_b = 1\,\text{V}$ と求まる．

⑨
電圧源を含む回路なので，例題 3.4 と同様に，電圧源のプラス側を新たな節点として，電圧 v_c を設定する．これにより，次の節点方程式を立てることができる．

$$\begin{cases} (G_1 + G_2 + G_3)v_a - G_3 v_b - G_1 v_c = 0 & \text{(節点 a)} \\ (G_3 + G_4)v_b - G_3 v_a = I & \text{(節点 b)} \\ v_c = E & \text{(節点 c)} \end{cases}$$

⑩
電圧 v_a, v_b, v_c の節点をそれぞれ，節点 a，b，c として，それぞれの節点に対する節点方程式を次のように立てることができる．

$$\begin{cases} v_a = 5 & \text{(節点 a)} \\ (0.5 + G)v_b - 0.5 v_a - G v_c = -2 & \text{(節点 b)} \\ (1 + 0.5 + G)v_c - 1 v_a - G v_b = 0 & \text{(節点 c)} \end{cases}$$

連立方程式を解くことにより，$v_b = 2\,\text{V}$, $v_c = 3\,\text{V}$ と求まる．したがって，コンダクタンス G に流れる電流は，$i = G(v_c - v_b) = 0.5\,\text{A}$ と求まる．また，電流の向きは，$v_b \leq v_c$ より，節点 c の電位の方が高いことから，電流は，右から左に流れることがわかる．

⑪
「コンダクタンス G_b に流れる電流が 0 となる」ということは，節点 c と節点 d の電位差が 0 であることを意味する．節点 b を接地し，節点 a，c，d の電圧を，それぞれ v_a, v_c, v_d として，節点方程式を立てる．

$$\begin{cases} v_a = E & \text{(節点 a)} \\ (G_1 + G_b + G_3)v_c - G_1 v_a - G_b v_d = 0 & \text{(節点 c)} \\ (G_2 + G_b + G_4)v_d - G_2 v_a - G_b v_c = 0 & \text{(節点 d)} \end{cases}$$

節点 c，d の式に $v_a = E$, $v_c = v_d = v$ を代入して整理すると

$$\begin{cases} (G_1 + G_3)v = G_1 E & \text{(節点 c)} \\ (G_2 + G_4)v = G_2 E & \text{(節点 d)} \end{cases}$$

これより

$$\frac{E}{v} = \frac{G_1 + G_3}{G_1} = \frac{G_2 + G_4}{G_2}$$

したがって，求めたい条件は，$G_2 G_3 = G_1 G_4$ となる．

● 4 章　抵抗をまとめて回路を簡単に―合成抵抗―

① 直列接続の合成抵抗なので，各抵抗の総和をとって，$R_{ab} = 2+2+2+2 = 8\,\Omega$，また，各抵抗にかかる電圧は，直列接続の分圧の式から，$v_k = (R_k/R_{ab})v = v/4\,[\mathrm{V}]$，$(k=1,2,\cdots,4)$

② 前問と同様，$R_{ab} = 1+2+3+4 = 10\,\mathrm{k\Omega}$，また，各抵抗にかかる電圧は，直列接続の分圧の式から，$v_1 = v/10\,[\mathrm{V}]$，$v_2 = v/5\,[\mathrm{V}]$，$v_3 = 3v/10\,[\mathrm{V}]$，$v_4 = 2v/5\,[\mathrm{V}]$

③ 各コンダクタンス値の逆数をとって抵抗値として，それらの総和の合成抵抗を求め，その逆数として合成コンダクタンスを求める．$R_{ab} = 1/2+1/2+1/2+1/2 = 2\,\Omega$，したがって，合成コンダクタンスは，$G_{ab} = 1/R_{ab} = 1/2\,\mathrm{S}$，また，各コンダクタンスにかかる電圧は，直列接続における分圧の式をコンダクタンスに書き直して，$v_k = (G_{ab}/G_k)v = v/4\,[\mathrm{V}]$，$(k=1,2,\cdots,4)$

④ 前問と同様，$R_{ab} = 1/1+1/2+1/3+1/4 = 25/12\,\Omega$，したがって，合成コンダクタンスは，$G_{ab} = 1/R_{ab} = 12/25\,\mathrm{S}$，また，各コンダクタンスにかかる電圧は，直列接続における分圧の式をコンダクタンスに書き直して，$v_1 = (G_{ab}/G_k)v = 12v/25\,[\mathrm{V}]$，$v_2 = 6v/25\,[\mathrm{V}]$，$v_3 = 4v/25\,[\mathrm{V}]$，$v_4 = 3v/25\,[\mathrm{V}]$

⑤ 抵抗 R にかかる電圧は，直列接続の分圧の式から，$v_R = (R/R_{ab})v$ と表せる．これに，$v_R = 2\,\mathrm{V}, v = 4\,\mathrm{V}, R_{ab} = R+3\,[\Omega]$ を代入して解くことにより，$R = 3\,\Omega$ と求まる．

⑥

前問と同様，直列接続の分圧の式 $v_R = (R/R_{ab})v$ に，$v_R = 2\,\mathrm{V}, v = 10\,\mathrm{V}, R_{ab} = 2R + 3\,[\mathrm{k\Omega}]$ を代入して解くことにより，$R = 1\,\mathrm{k\Omega}$ と求まる．

⑦

コンダクタンス G にかかる電圧は，直列接続の分圧の式から，$v_G = (G_{ab}/G)v$ と表せる．ここで，合成コンダクタンスの逆数は，$1/G_{ab} = R_{ab} = 1/1 + 1/G + 1/2 = (3G+2)/2G$ と表すことができる．分圧の式に，$v_G = 2\,\mathrm{V}, v = 8\,\mathrm{V}, G_{ab} = 1/R_{ab} = 2G/(3G+2)\,[\mathrm{S}]$ を代入して解くことにより，$G = 2\,\mathrm{S}$ と求まる．

⑧

前問と同様，直列接続の分圧の式 $v_G = (G_{ab}/G)v$ と表せる．合成コンダクタンスの逆数は，$1/G_{ab} = R_{ab} = 1/3 + 1/G + 1/G = (G+6)/3G$ と表せる．分圧の式に，$v_G = 2\,\mathrm{V}, v = 10\,\mathrm{V}, G_{ab} = 1/R_{ab} = 3G/(G+6)\,[\mathrm{S}]$ を代入して解くことにより，$G = 9\,\mathrm{S}$ と求まる．

⑨

並列接続の合成コンダクタンスなので，各コンダクタンスの総和をとって，$G_{ab} = 3 + 3 + 3 = 9\,\mathrm{S}$．また，各コンダクタンスに流れる電流は，並列接続の分流の式から，$i_k = (G_k/G_{ab})i = i/3\,[\mathrm{A}]$, $(k = 1, 2, 3)$

⑩

前問と同様，$G_{ab} = 1 + 2 + 3 = 6\,\mathrm{S}$，また，各コンダクタンスに流れる電流は，並列接続の分流の式から，$i_1 = i/6\,[\mathrm{A}]$, $i_2 = i/3\,[\mathrm{A}]$, $i_3 = i/2\,[\mathrm{A}]$

⑪

各抵抗値の逆数をとってコンダクタンス値として，それらの総和の合成コンダクタンスを求め，その逆数として合成抵抗を求める．$G_{ab} = 1/3 + 1/3 + 1/3 = 1\,\mathrm{S}$, したがって，合成抵抗は，$R_{ab} = 1/G_{ab} = 1\,\Omega$，また，各抵抗に流れる電流は，並列接続における分流の式を抵抗に書き直して，$i_k = (G_k/G_{ab})i = (R_{ab}/R)i = i/3\,[\mathrm{A}]$, $(k = 1, 2, 3)$

⑫ 前問と同様，$G_{ab} = 1/1 + 1/2 + 1/3 = 11/6\,\mathrm{mS}$，したがって，合成抵抗は，$R_{ab} = 1/G_{ab} = 6/11\,\mathrm{k\Omega}$．また，各抵抗に流れる電流は，並列接続における分流の式を抵抗に書き直して，$i_1 = (R_{ab}/R)i = 6i/11\,[\mathrm{mA}]$, $i_2 = 3i/11\,[\mathrm{mA}]$, $i_3 = 2i/11\,[\mathrm{mA}]$

⑬ コンダクタンス G に流れる電流は，並列接続の分流（コンダクタンス）の式から，$i_G = (G/G_{ab})i$ と表せる．これに，$i_G = 2\,\mathrm{A}, i = 4\,\mathrm{A}, G_{ab} = G + 3\,[\mathrm{S}]$ を代入して解くことにより，$G = 3\,\mathrm{S}$ と求まる．

⑭ 前問と同様，並列接続の分流（コンダクタンス）の式 $i_G = (G/G_{ab})i$ に，$i_G = 2\,\mathrm{A}, i = 6\,\mathrm{A}, G_{ab} = 2G + 1\,[\mathrm{S}]$ を代入して解くことにより，$G = 1\,\mathrm{S}$ と求まる．

⑮ 抵抗 R に流れる電流は，並列接続の分流（抵抗）の式から，$i_R = (R_{ab}/R)i$ と表せる．これに，$i_R = 2\,\mathrm{A}, i = 8\,\mathrm{A}, R_{ab} = 2R/(3R+2)\,[\Omega]$ を代入して解くことにより，$R = 2\,\Omega$ と求まる．

⑯ 前問と同様，並列接続の分流（抵抗）の式 $i_R = (R_{ab}/R)i$ に，$i_R = 2\,\mathrm{A}, i = 10\,\mathrm{A}, R_{ab} = 3R/(R+6)\,[\Omega]$ を代入して解くことにより，$R = 9\,\Omega$ と求まる．

⑰ この回路は，$3\,\Omega$ の抵抗の部分に △ – Y 変換を適用することにより，次の図の回路に変換できる．

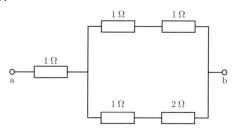

これより，$R_{ab} = 1 + 1/((1/2) + (1/3)) = 11/5\,\Omega$ と求まる．

⑱ 前問と同様，回路の左側に △-Y 変換を適用することにより，次の図の回路に変換できる．

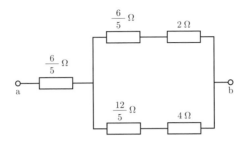

これより，$R_{ab} = 6/5 + 1/((5/16) + (5/32)) = 10/3\,\Omega$ と求まる．

⑲
$R_{ab} = 3 + 1/((1/1) + (1/2)) = 11/3\,\Omega$, $i_1 = 3\,\text{A}$，並列接続の分流（抵抗）の式から，$i_2 = 2\,\text{A}$, $i_3 = 1\,\text{A}$，オームの法則から，$v_1 = 9\,\text{V}$, $v_2 = v_3 = 2\,\text{V}$

⑳
$R_{ab} = 1/((1/(2+2)) + (1/2)) = 4/3\,\text{k}\Omega$, $i_1 = 1\,\text{mA}$, $i_2 = 1\,\text{mA}$, $i_3 = 2\,\text{mA}$, $v_1 = 2\,\text{V}$, $v_2 = 2\,\text{V}$, $v_3 = 4\,\text{V}$

㉑
$R_{ab} = 1/((1/5) + (1/6)) + 1/((1/1) + (1/2) + (1/3)) = 36/11\,\Omega$, $i_1 = 6\,\text{A}$, $i_2 = 5\,\text{A}$, $i_{3'} = 6\,\text{A}$, $i_4 = 3\,\text{A}$, $i_5 = 2\,\text{A}$, $v_1 = v_2 = 30\,\text{V}$, $v_3 = v_4 = v_5 = 6\,\text{V}$

㉒
$R_{ab} = 1/((1/(3 + 1/((1/6) + (1/6)))) + 1/6) = 3\,\text{k}\Omega$, $i_1 = 6\,\text{mA}$, $i_2 = i_3 = 3\,\text{mA}$, $i_4 = 6\,\text{mA}$, $v_1 = 18\,\text{V}$, $v_2 = v_3 = 18\,\text{V}$, $v_4 = 36\,\text{V}$

㉓

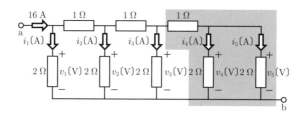

図の網掛け部分の合成抵抗は，$R_{ab} = 1 + (2 \times 2)/(2+2) = 2\,\Omega$ となることから，問題の回路は，次の図のように変換できる．

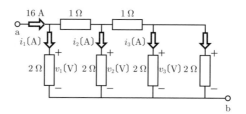

この変換を繰り返すと次の図のように変換できる．

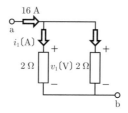

したがって，合成抵抗は，$R_{ab} = (2 \times 2)/(2+2) = 1\,\Omega$, $i_1 = 8\,\mathrm{A}$, $i_2 = 4\,\mathrm{A}$, $i_3 = 2\,\mathrm{A}$, $i_4 = 1\,\mathrm{A}$, $i_5 = 1\,\mathrm{A}$, $v_1 = 16\,\mathrm{V}$, $v_2 = 8\,\mathrm{V}$, $v_3 = 4\,\mathrm{V}$, $v_4 = 2\,\mathrm{V}$, $v_5 = 2\,\mathrm{V}$

●5章 エネルギーの供給源—電源—

①

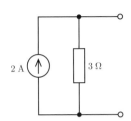

②

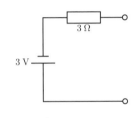

③

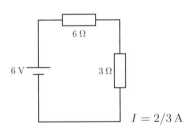

④
$\dfrac{1}{6}$ A

⑤
$R = 3\,\Omega,\ P = 3\,\mathrm{W}$

⑥

(1) $R = 2\,\Omega,\ P = 0.5\,\mathrm{W}$ (2) $R = 5\,\Omega,\ P = 0.05\,\mathrm{W}$

● 6章　複雑な回路を解くテクニック─回路の諸定理─

①

$R = 6\,\Omega$

②

$R_x = 0.25\,\Omega$

③

(1) $R = 5\,\Omega$ (2) $R = 9\,\Omega$

④

$I = -1\,\mathrm{A}$

⑤

$I = \dfrac{37}{14}\,\mathrm{A}$

⑥

スイッチの開閉に関係ないことからホイートストンブリッジが成り立っている．このことから R_2 が求められる．$R_1 = 3\,\Omega,\ R_2 = 6\,\Omega$

⑦

$I = 0.2\,\mathrm{A}$

⑧

P を最大にする $R = 2\,\Omega$
$P = 2\,\mathrm{W}$

● 7章　時間とともに変化する電流─交流電流・交流電圧─

①
周期： $T = \dfrac{2\pi}{\omega} = \dfrac{2\pi}{50\pi} = 0.04\,\text{s}$

周波数： $f = \dfrac{1}{T} = \dfrac{1}{0.04} = 25\,\text{Hz}$

実効値： $E_{rms} = \dfrac{100}{\sqrt{2}} = 50\sqrt{2}\,\text{V}$

平均値： $E_{av} = \dfrac{2}{\pi} \times 100 = 63.66\,\text{V}$

初期位相： $\theta = \dfrac{\pi}{4}\,[\text{rad/s}]$

②
sin 波形の交流電圧は

$$e(t) = E_m \sin(\omega t + \theta)$$

$$E_m = 141$$

$$\omega t = (2\pi f)t = (2\pi \cdot 60)t = 120\pi t$$

$$\theta = \dfrac{1}{3}\pi\,[\text{rad}]$$

交流波形の式は

$$e(t) = 141 \sin\left(120\pi t + \dfrac{1}{3}\pi\right)$$

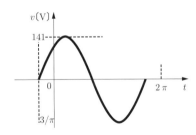

③
E_m と E_{rms} の関係は $E_{rms} = E_m/\sqrt{2}$ より

$$E_m = \sqrt{2} \cdot E_{rms} = \sqrt{2} \cdot 100\,\text{V} \fallingdotseq 141\,\text{V}$$

175

角周波数 ω と周波数 f の関係より

$$\omega = 2\pi f = 2\pi \cdot 60 = 120\pi \fallingdotseq 377\,\text{rad/s}$$

また，周期 T と周波数 $f = 60\,\text{Hz}$ の関係より

$$T = \frac{1}{60} = 0.0166\ldots[s] \fallingdotseq 16.7\,\text{ms}$$

④

$$T \times \frac{2\pi/3}{2\pi} = \frac{1}{50} \times \frac{1}{3} = \frac{1}{150}\,\text{s}$$

⑤

平均値： $V_a = \dfrac{2}{\pi} \times 8 \fallingdotseq 5.09\,\text{V}$

実効値： $V_e = \dfrac{1}{\sqrt{2}} \times 8 = 5.66\,\text{V}$

⑥

平均値： $V_{av} = \dfrac{2}{T}\left[40\left\{-\dfrac{T}{8} - \left(-\dfrac{3T}{8}\right)\right\}\right] = 20\,\text{V}$

実効値： $V_{rms} = \sqrt{\dfrac{1}{T} \times 40^2 \left[\left\{-\dfrac{T}{8} - \left(-\dfrac{3T}{8}\right)\right\} + \left(\dfrac{3T}{8} - \dfrac{T}{8}\right)\right]}$
$\qquad\qquad = 20\sqrt{2}\,\text{V}$

周波数： $f = \dfrac{1}{5 \times 10^{-3}} = 200\,\text{Hz}$

⑦

平均値： $V_a = \dfrac{1}{3}\left\{\displaystyle\int_0^2 3dt + \int_2^3 0dt\right\} = \dfrac{1}{3}\{[3t]_0^2\} = \dfrac{1}{3} \times 6 = 2\,\text{V}$

実効値： $|V| = \sqrt{\dfrac{1}{3}\left\{\displaystyle\int_0^2 3^2 dt + \int_2^3 0dt\right\}} = \sqrt{\dfrac{1}{3}\displaystyle\int_0^2 3^2 dt} = \sqrt{\dfrac{1}{3}\{[9t]_0^2\}}$
$\qquad\quad = \sqrt{\dfrac{1}{3}(9 \times 2)} = \sqrt{6} = 2.45\,\text{V}$

⑧

平均値： $V_a = \dfrac{1}{4}\left\{\displaystyle\int_0^3 t\,dt + \int_3^4 0\,dt\right\} = \dfrac{1}{4}\left\{\left[\dfrac{1}{2}t^2\right]_0^3\right\} = \dfrac{1}{4}\times\dfrac{9}{2}$

$= \dfrac{9}{8}\,\mathrm{V}$

実効値： $|V| = \sqrt{\dfrac{1}{4}\left\{\displaystyle\int_0^3 t^2\,dt + \int_3^4 0\,dt\right\}} = \sqrt{\dfrac{1}{4}\left\{\left[\dfrac{1}{3}t^3\right]_0^3\right\}} = \sqrt{\dfrac{1}{4}\times 9}$

$= 1.5\,\mathrm{V}$

● 8 章　回路を構成する抵抗以外の素子—キャパシタとインダクタ—

①

$3\,\mu\mathrm{F}$，$5\,\mu\mathrm{F}$，$4\,\mu\mathrm{F}$ のキャパシタが並列に接続している部分の合成キャパシタンス C' は

$$C' = 3\,\mu\mathrm{F} + 5\,\mu\mathrm{F} + 4\,\mu\mathrm{F} = 12\,\mu\mathrm{F}$$

となる．よって全体の合成キャパシタンス C は

$$\begin{aligned}C &= \dfrac{1}{\dfrac{1}{4\,\mu\mathrm{F}} + \dfrac{1}{2\,\mu\mathrm{F}} + \dfrac{1}{12\,\mu\mathrm{F}}} \\ &= \dfrac{1}{\dfrac{3+6+1}{12\,\mu\mathrm{F}}} \\ &= \dfrac{6}{5}\,\mu\mathrm{F}\end{aligned}$$

②

$3\,\mu\mathrm{F}$，$1\,\mu\mathrm{F}$，$2\,\mu\mathrm{F}$ のキャパシタが並列に接続している部分の合成キャパシタンス C' は

$$C' = 3\,\mu\mathrm{F} + 1\,\mu\mathrm{F} + 2\,\mu\mathrm{F} = 6\,\mu\mathrm{F}$$

となる．

また，$1\,\mu\mathrm{F}$，$2\,\mu\mathrm{F}$ のキャパシタが並列に接続している部分の合成キャパシタンス C'' は

$$C'' = 1\,\mu\mathrm{F} + 2\,\mu\mathrm{F} = 3\,\mu\mathrm{F}$$

である．よって全体の合成キャパシタンス C は

$$C = \cfrac{1}{\cfrac{1}{2\,\mu\mathrm{F}} + \cfrac{1}{6\,\mu\mathrm{F}} + \cfrac{1}{3\,\mu\mathrm{F}}}$$
$$= \cfrac{1}{\cfrac{3+1+2}{6\,\mu\mathrm{F}}}$$
$$= 1\,\mu\mathrm{F}$$

---

③

12 mH，6 mH，4 mH のインダクタが並列に接続している部分の合成インダクタンス L' は

$$L' = \cfrac{1}{\cfrac{1}{12\,\mathrm{mH}} + \cfrac{1}{6\,\mathrm{mH}} + \cfrac{1}{4\,\mathrm{mH}}}$$
$$= \cfrac{1}{\cfrac{1+2+3}{12\,\mathrm{mH}}}$$
$$= 2\,\mathrm{mH}$$

となる．

また，3 mH，6 mH のインダクタが並列に接続している部分の合成インダクタンス L'' は

$$L'' = \cfrac{1}{\cfrac{1}{3\,\mathrm{mH}} + \cfrac{1}{6\,\mathrm{mH}}}$$
$$= \cfrac{1}{\cfrac{2+1}{6\,\mathrm{mH}}}$$
$$= 2\,\mathrm{mH}$$

である．

よって全体の合成インダクタンス L は

$$L = 2\,\mathrm{mH} + 2\,\mathrm{mH} + 3\,\mathrm{mH} = 7\,\mathrm{mH}$$

---

④

8 mH，4 mH のインダクタが並列に接続している部分の合成インダクタンス L' は

$$L' = \cfrac{1}{\cfrac{1}{8\,\text{mH}} + \cfrac{1}{4\,\text{mH}}}$$
$$= \cfrac{1}{\cfrac{1+2}{8\,\text{mH}}}$$
$$= \frac{8}{3}\,\text{mH}$$

である．

8 mH，2 mH，8 mH のインダクタが並列に接続している部分の合成インダクタンス L'' は

$$L'' = \cfrac{1}{\cfrac{1}{8\,\text{mH}} + \cfrac{1}{2\,\text{mH}} + \cfrac{1}{8\,\text{mH}}}$$
$$= \cfrac{1}{\cfrac{1+4+1}{8\,\text{mH}}}$$
$$= \frac{4}{3}\,\text{mH}$$

となる．

また，4 mH，2 mH のインダクタが並列に接続している部分の合成インダクタンス L''' は

$$L''' = \cfrac{1}{\cfrac{1}{4\,\text{mH}} + \cfrac{1}{2\,\text{mH}}}$$
$$= \cfrac{1}{\cfrac{1+2}{4\,\text{mH}}}$$
$$= \frac{4}{3}\,\text{mH}$$

である．

よって全体の合成インダクタンス L は

$$L = \frac{8}{3}\,\text{mH} + \frac{4}{3}\,\text{mH} + \frac{4}{3}\,\text{mH} = \frac{16}{3}\,\text{mH}$$

---

⑤
$$i(t) = \frac{d}{dt}v(t) = 100\frac{d}{dt}\cos 377t$$
$$= -37\,700\sin 377t\,[\text{A}]$$

$$= -37.7 \sin 377t \ [\mathrm{kA}]$$

⑥
$$v(t) = \frac{d}{dt}i(t) = 144\frac{d}{dt}\sin 314t$$
$$= 45\,216\cos 314t \ [\mathrm{V}]$$
$$= 45.216\cos 314t \ [\mathrm{kV}]$$

●9章 交流の表し方―フェーザ法―

①

周波数 $60\,\mathrm{Hz}$ を角周波数 ω [rad/s] に直すと

$$\omega = 2\pi f = 120\pi \ [\mathrm{rad/s}]$$

この角周波数 ω から合成インピーダンス $\dot{Z}$ は

$$\dot{Z} = R + j\omega L = 30 + j120\pi \times 0.25 = 30 + j30\pi = 30\sqrt{1+\pi^2}e^{j\tan^{-1}\pi} \ [\Omega]$$

また,振幅 $40\,\mathrm{V}$ の正弦波交流電圧 $\dot{V}$ は

$$\dot{V} = 20\sqrt{2}e^{j0}$$

よって

$$\dot{I} = \frac{\dot{V}}{\dot{Z}} = \frac{20\sqrt{2}e^{j0}}{30\sqrt{1+\pi^2}e^{j\tan^{-1}\pi}} = \frac{2\sqrt{2(1+\pi^2)}}{3(1+\pi^2)}e^{-j\tan^{-1}\pi} \ [\mathrm{A}]$$

振幅は実効値の $\sqrt{2}$ 倍なので,$4\sqrt{1+\pi^2}/3(1+\pi^2)$ [A].電圧源電圧と流れる電流の位相差は $-\tan^{-1}\pi$ [rad] である.

②

複素インピーダンスは

$$\dot{Z} = \frac{\dot{V}}{\dot{I}} = \frac{60 + j80}{8 + j6} = \frac{48 + j14}{5} \ [\Omega]$$

である.

皮相電力 S は

$$S = |\dot{V}||\dot{I}| = \left|100\angle\tan^{-1}\frac{4}{3}\right|\left|10\angle\tan^{-1}\frac{3}{4}\right| = 1\,000\,\mathrm{V\cdot A}$$

複素電力 $\dot{P}_c$ は

$$\dot{P}_c = \overline{\dot{V}}\dot{I} = (60-j80)\cdot(8+j6) = 960-j280 = P_a + jQ$$

よって，有効電力 P_a は 960 W，無効電力 Q は 280 var である．
また力率 $\cos\phi$ は

$$\cos\phi = \frac{P}{S} = \frac{960}{1\,000} = \frac{24}{25}$$

となる．

---

③
複素電圧 $\dot{V}$ は

$$\dot{V} = 100\angle\frac{\pi}{6} = 100\left(\cos\frac{\pi}{6} + j\sin\frac{\pi}{6}\right) = 50 + j50\sqrt{3}\ \text{[V]}$$

である．
複素電流 $\dot{I}$ は

$$\dot{I} = 25\angle-\frac{\pi}{6} = 25\left\{\cos\left(-\frac{\pi}{6}\right) + j\sin\left(-\frac{\pi}{6}\right)\right\} = \frac{25}{2} - j\frac{25\sqrt{3}}{2}\ \text{[A]}$$

である．
よって複素インピーダンス $\dot{Z}$ は

$$\dot{Z} = \frac{\dot{V}}{\dot{I}} = \frac{100\angle\dfrac{\pi}{6}}{25\angle-\dfrac{\pi}{6}} = 4\angle\frac{\pi}{3} = 4\left(\cos\frac{\pi}{3} + j\sin\frac{\pi}{3}\right) = 2\sqrt{3} + j2\ \text{[Ω]}$$

である．
皮相電力 S は

$$S = |\dot{V}||\dot{I}| = \left|100\angle\frac{\pi}{6}\right|\left|25\angle-\frac{\pi}{6}\right| = 2\,500\ \text{V·A}$$

となる．
複素電力 $\dot{P}_c$ は

$$\dot{P}_c = \overline{\dot{V}}\dot{I} = 100\angle-\frac{\pi}{6}\cdot 25\angle-\frac{\pi}{6} = 2\,500\angle-\frac{\pi}{3} = 1\,250 - j1250\sqrt{3} = P_a + jQ$$

よって有効電力 P_a は 1 250 W，無効電力 Q は $1\,250\sqrt{3}$ var である．
また力率 $\cos\phi$ は

$$\cos\phi = \frac{P_a}{S} = \frac{1\,250}{2\,500} = \frac{1}{2}$$

となる．

● 10章 交流でも直流と同じ性質—交流回路の諸定理—

①

正弦波交流電源の角周波数 ω である場合，この回路の合成アドミタンス $\dot{Y}$ は

$$\dot{Y} = j\omega C + \frac{R - j\omega L}{R^2 + \omega^2 L^2}$$
$$= \frac{R + j\omega\left(CR^2 + \omega^2 L^2 C - L\right)}{R^2 + \omega^2 L^2}$$

となる．

共振角周波数 ω_0 はこの合成アドミタンス $\dot{Y}$ の虚数部が 0 となる角周波数である．したがって共振角周波数 ω_0 は

$$\omega_0^2 L^2 C + CR^2 - L = 0$$
$$\omega_0^2 = \frac{1}{LC} - \frac{R^2}{L^2}$$
$$\omega_0 = \sqrt{\frac{1}{LC} - \frac{R^2}{L^2}}$$

である．

共振角周波数 ω_0 のとき，全体に流れる電流 $\dot{I}$ は

$$\dot{I} = \dot{V}\dot{Y} = \frac{100R}{R^2 + \omega_0^2 L^2}$$

である．またキャパシタ C を流れる電流 $\dot{I}_C$ は

$$\dot{I}_C = j\omega_0 C \dot{V} = j100\omega_0 C$$

よって，この回路の Q 値は

$$Q = \frac{|\dot{I}_C|}{|\dot{I}|} = \frac{100\omega_0 C}{\dfrac{100R}{R^2 + \omega_0^2 L^2}}$$
$$= \sqrt{\frac{L - R^2 C}{R^2 C}}$$

である．

②

40 mH のインダクタ L を外部負荷として，テブナンの等価電源を求める．

インダクタ L を取り除いた際の開放電圧 $\dot{E}$ は

$$\dot{E} = \frac{10}{40+10}\left(\dot{V}_1 - \dot{V}_2\right) + \dot{V}_2$$
$$= \frac{10}{40+10}(30-20) + 20 = 22\,\mathrm{V}$$

である．

内部インピーダンス $\dot{Z}_i$ は

$$\dot{Z}_i = \frac{1}{\dfrac{1}{40}+\dfrac{1}{10}} = 8\,\Omega$$

である．

よってインダクタ L を流れる電流 $\dot{I}_L$ は

$$\dot{I}_L = \frac{\dot{E}}{\dot{Z}_i + j\omega L} = \frac{22}{8 + j100\cdot 40\times 10^{-3}}$$
$$= \frac{22}{8+j4} = \frac{11}{4+j2} = \frac{11}{10}(2-j)\,[\mathrm{A}]$$

である．

---

③

ブリッジの平衡条件より

$$R\left(R - j\frac{1}{\omega_0 C}\right) = 2R\left(\frac{R}{1+j\omega_0 CR}\right)$$

$$\frac{2R}{R} = \left(R - j\frac{1}{\omega_0 C}\right)\left(\frac{1+j\omega_0 CR}{R}\right)$$

$$2 = 2 + j\left(\omega_0 CR - \frac{1}{\omega_0 CR}\right)$$

$$\omega_0 CR - \frac{1}{\omega_0 CR} = 0$$

$$\omega_0^2 C^2 R^2 = 1$$

$$\omega_0 = \frac{1}{RC}$$

索　引

あ行

アース 2
アンペア 2

位　相 98
位相差 98
インダクタ 98, 112
インダクタンス 113

枝 14
エレクトロニクス 1

オイラーの公式 128
オーム 6
オームの法則 7

か行

回路の対称性 79
角速度 97
重ねの理 82, 145

キャパシタ 98, 109
キャパシタンス 110

共振回路 155
共振角周波数 155
キルヒホッフの電圧則 18
キルヒホッフの電流則 15

グラウンド 2
クラメルの公式 30

コイル 112
合成抵抗 44
交　流 3
コンダクタンス 7
コンデンサ 109

さ行

最大値 97

仕事率 9
実効値 103
ジーメンス 7
周波数 96
ジュール 9
ジュール熱 9
ジュールの法則 9

185

瞬間電力 ･････････････････ 139
瞬時値 ･･････････････････ 97
振　幅 ･･････････････････ 95

正弦波交流 ･･･････････ 3, 95
整合条件 ････････････････ 88
静電容量 ･･･････････････ 110
節　点 ･････････････････ 14
節点方程式 ･･････････････ 34

た行

直　流 ･･･････････････････ 3
直列接続 ････････････････ 43

抵　抗 ･･････････････････ 4
テブナンの定理 ･･･････････ 86
テブナンの等価電源 ･･････ 148
電　圧 ･･････････････････ 2
電圧源 ･･････････････････ 66
電　位 ･･････････････････ 1
電位差 ･･････････････････ 2
電　荷 ･･････････････････ 1
電　流 ･･････････････････ 2
電流源 ･･････････････････ 67
電　力 ･･････････････････ 9
電力量 ･･････････････････ 9

等価回路 ････････････････ 86

等電位 ･･････････････････ 80

は行

波　形 ･･････････････････ 95
パワーエレクトロニクス ････ 1
半値幅 ･････････････････ 155

皮相電力 ･･･････････････ 141

ファラデーの電磁誘導の法則 ･･･ 118
ファラド ･･･････････････ 110
フェーザ表現 ･･･････････ 132
負　荷 ･･････････････････ 6
ブリッジ回路 ･･･････････ 152
分　圧 ･･････････････････ 45
分　流 ･･････････････････ 50

平均値 ･･････････････････ 99
平均電力 ･･･････････････ 140
平衡条件 ････････････････ 80
並列接続 ････････････････ 46
閉　路 ･･････････････････ 14
閉路方程式 ･･････････････ 25
ヘンリー ･･･････････････ 113

ホイートストンブリッジ回路 ･･･ 80
ボルト ･･･････････････････ 2

186

ま行

無効電力・・・・・・・・・・・・・・・・・・・ 140

や行

有効電力・・・・・・・・・・・・・・・・・・・ 140
誘導起電力・・・・・・・・・・・・・・・・・ 118

ら行

力　率・・・・・・・・・・・・・・・・・・・・・ 140

わ行

ワット・・・・・・・・・・・・・・・・・・・・・・・ 9

ワット時・・・・・・・・・・・・・・・・・・・・・ 9
和分の積・・・・・・・・・・・・・・・・・・・・ 49

記号・英字

△（デルタ）接続・・・・・・・・・・・・ 52
△−Ｙ 変換公式・・・・・・・・・・・・・・ 54

Ｙ（スターまたはワイ）接続・・・・ 52
Ｙ−△ 変換公式・・・・・・・・・・・・・・ 54

KCL ・・・・・・・・・・・・・・・・・・・・・・ 15
KVL ・・・・・・・・・・・・・・・・・・・・・・ 18

sin 関数・・・・・・・・・・・・・・・・・・・・ 98

〈著者略歴〉

神野 健哉（じんの　けんや）
1996年　法政大学大学院工学研究科電気工学専攻博士後期課程修了
同　年　博士（工学）
現　在　東京都市大学知識工学部情報通信工学科教授

平栗 健史（ひらぐり　たけふみ）
1999年　筑波大学大学院理工学研究科理工学専攻博士前期課程修了
1999～2010年　NTTアクセスシステム研究所
2008年　博士（情報学）
現　在　日本工業大学工学部電気電子工学科准教授

吉野 秀明（よしの　ひであき）
1985年　東京工業大学大学院理工学研究科博士前期課程修了
同　年　日本電信電話株式会社
2010年　博士（理学）
現　在　日本工業大学工学部電気電子工学科教授

- 本書の内容に関する質問は，オーム社ホームページの「サポート」から，「お問合せ」の「書籍に関するお問合せ」をご参照いただくか，または書状にてオーム社編集局宛にお願いします．お受けできる質問は本書で紹介した内容に限らせていただきます．なお，電話での質問にはお答えできませんので，あらかじめご了承ください．
- 万一，落丁・乱丁の場合は，送料当社負担でお取替えいたします．当社販売課宛にお送りください．
- 本書の一部の複写複製を希望される場合は，本書扉裏を参照してください．
[JCOPY]＜出版者著作権管理機構　委託出版物＞

電気回路独解テキスト
―直流から交流へ―

2015年 8 月20日　第1版第1刷発行
2024年 2 月10日　第1版第7刷発行

著　者　神野健哉・平栗健史・吉野秀明
発行者　村上和夫
発行所　株式会社オーム社
　　　　郵便番号　101-8460
　　　　東京都千代田区神田錦町3-1
　　　　電話　03(3233)0641(代表)
　　　　URL　https://www.ohmsha.co.jp/

© 神野健哉・平栗健史・吉野秀明 2015

印刷・製本　三美印刷
ISBN978-4-274-21786-9　Printed in Japan

関連書籍のご案内

電気工学分野の金字塔、充実の改訂!

1951年にはじめて出版されて以来、電気工学分野の拡大とともに改訂され、長い間にわたって電気工学にたずさわる広い範囲の方々の座右の書として役立てられてきたハンドブックの第7版。すべての工学分野の基礎として、幅広く広がる電気工学の内容を網羅し収録しています。

編集・改訂の骨子

■ 基礎・基盤技術を固めるとともに、新しい技術革新成果を取り込み、拡大発展する関連分野を充実させた。

■ 「自動車」「モーションコントロール」などの編を新設、「センサ・マイクロマシン」「産業エレクトロニクス」の編の内容を再構成するなど、次世代社会において貢献できる技術の取り込みを積極的に行った。

■ 改版委員会、編主任、執筆者は、その分野の第一人者を選任し、新しい時代を先取りする内容となった。

■ 目次・和英索引と連動して項目検索できる本文PDFを収録したDVD-ROMを付属した。

電気工学ハンドブック 第7版

一般社団法人 電気学会[編]

- B5判・2706頁・上製函入
- 本文PDF収録DVD-ROM付
- 定価(本体45000円[税別])

主要目次

数学／基礎物理／電気・電子物性／電気回路／電気・電子材料／計測技術／制御・システム／電子デバイス／電子回路／センサ・マイクロマシン／高電圧・大電流／電線・ケーブル／回転機一般・直流機／永久磁石回転機・特殊回転機／同期機・誘導機／リニアモータ・磁気浮上／変圧器・リアクトル・コンデンサ／電力開閉装置・避雷装置／保護リレーと監視制御装置／パワーエレクトロニクス／ドライブシステム／超電導および超電導機器／電気事業と関係法規／電力系統／水力発電／火力発電／原子力発電／送電／変電／配電／エネルギー新技術／計算機システム／情報処理ハードウェア／情報処理ソフトウェア／通信・ネットワーク／システム・ソフトウェア／情報システム・監視制御／交通／自動車／産業ドライブシステム／産業エレクトロニクス／モーションコントロール／電気加熱・電気化学・電池／照明・家電／静電気・医用電子・一般／環境と電気工学／関連工学

もっと詳しい情報をお届けできます.
◎書店に商品がない場合または直接ご注文の場合も右記宛にご連絡ください.

ホームページ http://www.ohmsha.co.jp/
TEL/FAX TEL.03-3233-0643 FAX.03-3233-3440

関連書籍のご案内

回路シミュレータ
LTspiceで学ぶ電子回路 第3版

● 渋谷 道雄 著
B5 変判・512頁
定価(本体 3700 円【税別】)

◆ LTspice を使って電子回路を学ぼう！

　本書は LTspice（フリーの回路シミュレータ）を使って電子回路を学ぶものです。単なる操作マニュアルにとどまらず、電子回路の基本についても解説します。回路の実例としては、スイッチング電源、オペアンプなどを取り上げています。

　開発元のリニアテクノロジーがアナログ・デバイセズ（ADI）に買収され、業界での利用率が上がっています。また、買収後 ADI の回路モデルが大量に追加され、より利便性が増しています。

主要目次

第1部　基礎編
- 第1章　まず使ってみよう
- 第2章　回路図入力
- 第3章　シミュレーション・コマンドとスパイス・ディレクティブ
- 第4章　波形ビューワ
- 第5章　コントロールパネル

第2部　活用編
- 第6章　簡単な回路例
- 第7章　スイッチング電源トポロジー
- 第8章　Op.Amp. を使った回路
- 第9章　参考回路例
- 第10章　SPICE モデルの取り扱い
- 第11章　その他の情報

もっと詳しい情報をお届けできます。
○書店に商品がない場合または直接ご注文の場合は右記宛にご連絡ください。

ホームページ https://www.ohmsha.co.jp/
TEL／FAX TEL.03-3233-0643　FAX.03-3233-3440

(定価は変更される場合があります)

A-1905-157

 4 大特長

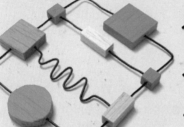

1 広く浅く記述するのではなく，必ず知っておかなければならない事項についてやさしく丁寧に，深く掘り下げて解説しました

2 各節冒頭の「キーポイント」に知っておきたい事前知識などを盛り込みました

3 より理解が深まるように，吹出しや付せんによって補足解説を盛り込みました

4 理解度チェックが図れるように，章末の練習問題を難易度3段階式としました

基本からわかる 電子回路講義ノート
- 渡部 英二　監修／工藤 嗣友・高橋 泰樹・水野 文夫・吉見 卓・渡部 英二　共著
- A5判・228頁　● 定価(本体2500円【税別】)

基本からわかる ディジタル回路講義ノート
- 渡部 英二　監修／安藤 吉伸・井口 幸洋・竜田 藤男・平栗 健二　共著
- A5判・224頁　● 定価(本体2500円【税別】)

基本からわかる 電磁気学講義ノート
- 松瀬 貢規　監修／市川 紀充・岩崎 久雄・澤野 憲太郎・野村 新一　共著
- A5判・234頁　● 定価(本体2500円【税別】)

基本からわかる 信号処理講義ノート
- 渡部 英二　監修／久保田 彰・神野 健哉・陶山 健仁・田口 亮　共著
- A5判・184頁　● 定価(本体2500円【税別】)

基本からわかる システム制御講義ノート
- 橋本 洋志　監修／石井 千春・汐月 哲夫・星野 貴弘　共著
- A5判・248頁　● 定価(本体2500円【税別】)

基本からわかる 電気電子材料講義ノート
- 湯本 雅恵　監修／青柳 稔・鈴木 薫・田中 康寛・松本 聡・湯本 雅恵　共著
- A5判・232頁　● 定価(本体2500円【税別】)

基本からわかる 電気回路講義ノート
- 西方 正司　監修／岩崎 久雄・鈴木 憲吏・鷹野 一朗・松井 幹彦・宮下 收　共著
- A5判・256頁　● 定価(本体2500円【税別】)

もっと詳しい情報をお届けできます。
※書店に商品がない場合または直接ご注文の場合も右記宛にご連絡ください。

　ホームページ　http://www.ohmsha.co.jp/
TEL/FAX　TEL.03-3233-0643　FAX.03-3233-3440

(定価は変更される場合があります)